高等院校课程思政教材

高等院校艺术设计专业精品系列教材

“互联网+”新形态立体化教学资源特色教材

成衣面料创意设计

李文娟　和　健　主　编

刘　畅　副主编

中国轻工业出版社

图书在版编目（CIP）数据

成衣面料创意设计 / 李文娟，和健主编；刘畅副主编. —北京：中国轻工业出版社，2023.1
ISBN 978-7-5184-4097-9

Ⅰ.①成… Ⅱ.①李… ②和… ③刘… Ⅲ.①服装面料—设计 Ⅳ.①TS941.4

中国版本图书馆CIP数据核字（2022）第150082号

责任编辑：徐　琪　　责任终审：劳国强　　整体设计：锋尚设计
策划编辑：徐　琪　　责任校对：吴大朋　　责任监印：张京华

出版发行：中国轻工业出版社（北京东长安街6号，邮编：100740）
印　　刷：艺堂印刷（天津）有限公司
经　　销：各地新华书店
版　　次：2023年1月第1版第1次印刷
开　　本：889 × 1192　1/16　印张：8.5
字　　数：200千字
书　　号：ISBN 978-7-5184-4097-9　定价：49.80元
邮购电话：010-65241695
发行电话：010-85119835　传真：85113293
网　　址：http://www.chlip.com.cn
Email：club@chlip.com.cn
如发现图书残缺请与我社邮购联系调换
220200J2X101ZBW

编委会人员

前　言 PREFACE

面料是成衣产品生产不可缺少的组成部分，而成衣面料则是纺织服装和服饰行业对应的高等教育专业学习中的重要内容，在专业课程中属于必修课。通过本课程的学习，学生应能够完成服装服饰行业中专业设计服务、服装生产管理、服装营销等岗位中与成衣面料相关的任务。本教材是服装服饰从业者掌握必备专业理论知识与技能运用实践的综合教材。

本教材的编写认真贯彻二十大精神和党的教育方针，落实立德树人根本任务，响应科教兴国战略，推进文化自信自强，为建设社会主义文化强国贡献力量。

在内容方面，本教材结合国际面料流行趋势，从成衣面料的分类、特点、设计方法等方面详细分析，突出专业特性。在常规服装服饰面料认知教学的基础上，联系市场企业成衣面料的使用案例，采用了大量的设计图例，并精心遴选、搜集了许多优秀学生的作业范例，理论分析与项目实践同步，要求学生能够掌握常规服装服饰成衣面料知识，正确使用面料进行二次设计，并掌握指导成衣生产过程中面料处理的基本方法。

在创新方面，本教材以国家职业教育行动计划以及职业教育发展和改革意见为指引，以职业能力培养为教学核心，以服装服饰企业典型工作任务为向导，构建能力、素质双递进的实践创新特色教学教材模式。

首先，思政融入教学。本教材以中国优秀传统文化为思政基础，培养有文化底蕴的时代新人。教材的编写融入了非遗传统面料工艺部分，引导学生进行技艺传承创新设计，弘扬优秀中国传统文化。

其次，多元协同教学。打破传统的知识生成方法与技能培养的模式，实施多元协同教学模式，形成多元互动学习系统。在教材构建中设计“基础技能→专业技能→综合应用技能→创新技能”的能力递进任务链，在任务目标驱动下，激励学生提升自主学习能力及加强学习深入度。整合企业市场生产、高校设计教学研究等多方资源，进行校企协同育人，产学研一体化教学实践。

再次，教学实践方法创新。改变教学过程中封闭式的教学方法，整合社会资源，建立创新教学实践方法，构建项目教学单元，培养学生的社会创新与市场竞争意识，深化学生职业技能层次的锻炼。

本教材在广度上可作为高等院校服装服饰相关专业的教材，在深度上也可供服装服饰从业人员研究阅读和参考。

李文娟

2022年于广州

目　录 CONTENTS

第一章

项目实训——成衣面料基本认知

第二章

项目实训——成衣面料的搭配设计

第三章

项目实训——面料再造创意设计

第四章

项目实训——主题面料创意设计

第一章

项目实训——成衣面料基本认知

第一节 课程概况

一、教学目的

让学生对服饰织物的概念与特性以及面辅材料市场有基本的认知。

二、教学目标

1. 知识目标

①掌握成衣面料基础知识。

②了解常用织物种类以及特性。

③熟悉面料市场的常用语言。

2. 能力目标

①掌握区分不同面料种类的能力。

②了解面料市场，具备在市场中准确找到面料的能力。

③掌握面料市场小批量采购方式的能力。

3. 情感目标

①引导学生认识到面料的重要性和价值。

②培养学生的材料时尚意识，引导学生用好奇心、探索精神与积极主动的心态解决问题，通过材料把想法变成现实。

③引导学生不畏惧真实的市场，敢于在实地调研中与商家沟通。

三、重点与难点

重点：认识不同面料的种类。通过丰富线上线下教学资源，以理论知识和案例实践，引导学生认识成衣面料的特征、品种、价值。

难点：掌握不同面料的应用特点以及对面料市场的全面了解。理论与实践相结合，通过讲授和讨论启发学生思路，引导学生思考。

四、课时安排

单元课时：12课时，4课时/次

第二节　基础理论和基本概念

一、成衣及成衣面料的概念

1. 成衣的基本概念

我们常说的成衣实际上是市场化的产物，它是服装企业按照国家标准号型批量生产的服装成品。成衣也属于工业产品的一种，通常要符合规模化生产的原则。因此，成衣具有设计理念大众化、生产过程机械化、质量检验标准化、价格指定市场化四个特点。

2. 成衣设计的界定

在服装行业中，成衣、高级成衣和高级定制服这三个专有名词经常被认知混淆，其实每个词都有特定的含义。

高级定制服

高级定制服（Haute Couture）自1858年在法国诞生，已有150多年的历史。高级定制服必须同时满足四个条件：

一是，在巴黎设有工作室，能参加高级定制服女装协会举办的每年1月和7月的两次女装展示；

二是，每次展示至少要有75件以上的设计是由首席设计师完成；

三是，常年雇用3个以上的专职模特；

四是，每个款式的服装件数极少并且基本由手工完成。

满足以上条件之后，还要由法国工业部审批核准，才能命名为高级定制服。目前全球的高级定制服固定顾客只有2000人左右，现今的高级定制服品牌不足20个（图1-2-1）。

图1-2-1　华裔设计师殷亦晴的同名成衣品牌Yiqing Yin（殷亦晴）高级定制

高级成衣

高级成衣（Ready-to-wear）译自法语Pret-a-porter，是指在一定程度上保留或继承了高级定制服的某些技术，并以中产阶级为对象的小批量多品种的高档成衣；是介于高级定制服和以一般大众为对象的大批量生产的成衣（法语称Confection）之间的一种服装产业。

巴黎、纽约、米兰、伦敦四大时装周，就是高级成衣的发布和进行交易的活动。高级成衣与一般成衣的区别，不仅在于其批量大小，质量高低，关键还在于其设计的个性和品位。因此，国际上的高级成衣大多是一些设计师品牌（图1-2-2）。

3. 成衣面料的基本概念

由于成衣批量化生产的特点，所以成衣面料在成衣生产中是最为重要的材料之一。成衣面料作为成衣的三要素之一，不仅直接影响了服装款式轮廓的表现效果，而且不同的面料呈现出来的成衣色彩、风格等也有不同的表现（图1-2-3）。

在现代比较常见的成衣面料一般分为三大种类，分别是梭织面料、针织面料和皮革皮草面料。

（1）梭织面料，优点：织物结构牢固，挺括，不易变形；缺点：不易透气吸汗，穿着舒适性较低。此面料主要应用于成衣外套、衬衣、裤子（图1-2-4）。

（2）针织面料，优点：织物柔软，舒适，透气性良好；缺点：织物易变形，挺括性较差，易皱。此面料主要应用于成衣运动服以及内衣中（图1-2-5）。

随着纺织科技的发展，针织面料和梭织面料的织造手法也在进行不断的改良和创新，针织面料梭织做法、针织内衣外化等创新面料逐渐出现在市场中。

（3）皮革皮草面料，优点：挺括，保暖性良好，不易变形；缺点：透气吸湿性较差，价格偏高。所以皮革皮草面料一般适用于秋冬季的成衣设计中。市场上的皮革皮草面料又分为天然皮革皮草面料和人造皮革皮草面料两种。天然面料手感舒适、

图1-2-2 中国设计师王汁同名成衣品牌Uma Wang 2015春夏高级成衣

图1-2-3　播Broadcast品牌的卖场陈列

图1-2-4　成衣品牌荷木（HEMU）的梭织面料成衣

图1-2-5　成衣品牌斯缪论（MAYALI）柔软舒适的针织成衣

韧性强耐磨性和透气性比较好，但是价格偏高；人造皮革主要是超细纤维PU（聚氨酯加入超细纤维）材料，这种材料抗静电，弹性好，防水，柔软。由于加强对动物的保护，现广泛提倡采用人造皮革代替真皮革（图1-2-6）。

图1-2-6　成衣品牌芬迪（Fendi）皮革皮草成衣设计细节

二、常用成衣面料种类及特点

1. 棉布

棉布是各类棉纺织品的总称，多用来制作时装、休闲装、内衣和衬衫。其优点是舒适，柔软贴身，吸湿性、透气性甚佳；缺点则是易缩、易皱，挺阔性差，服装面料在穿着时需要提前熨烫。

棉花在南北朝时期传入我国的新疆种植。宋末元初，黄道婆学习并掌握了纺织技术，并对纺织工具进行了革新，使得棉花织物得到快速推广；棉花的种植也完成了从珠江流域到长江流域的广泛种植。

纯棉织物是以棉花为原料，通过织机，由经纬纱纵横沉浮相互交织而成的纺织品。目前，按照实际加工的棉花来源又区分为原生棉织物和再生棉织物。

（1）常见纯棉织物的分类

本色纯棉织物：普通布面、细布、粗布、帆布、斜纹坯布、原色布（图1-2-7）。

色布：硫化蓝布、硫化墨布、士林蓝布、士林灰

图1-2-7　本色纯棉织物

布、色织府绸、各色咔叽、各色华呢（图1-2-8）。

花布：印染上各种各样颜色和图案的布，如平纹印花布、印花斜纹布、印花哔叽、印花直贡（图1-2-9）。

色织布：把纱或线先经过染色，后在机器上织成的布，如条格布、被单布、绒布、线呢、装饰布等（图1-2-10）。

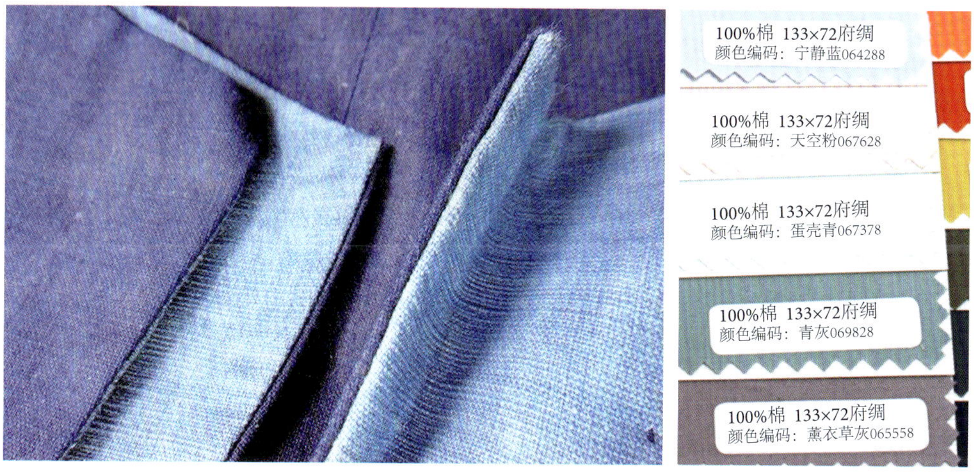

图1-2-8　色布

图1-2-9　平纹印花布

图1-2-10　色织布

（2）纯棉织品的优点

吸湿性：棉纤维具有较好的吸湿性，在正常的情况下，纤维可向周围的大气中吸收水分，其含水率为8%~10%，所以它接触人的皮肤，使人感到柔软而不僵硬。如果棉布湿度增大，周围温度较高，纤维中含的水分量会全部蒸发散去，使织物保持水平衡状态，使人感觉舒适。

保湿性：由于棉纤维是热和电的不良导体，热传导系数极低，又因棉纤维本身具有多孔性、弹性高等优点，纤维之间能积存大量空气，空气又是热和电的不良导体，所以，纯棉纤维纺织品具有良好的保湿性，穿着纯棉织品服装使人感觉到温暖。

耐热性：纯棉织品耐热良好，在110℃以下时，只会引起织物上的水分蒸发，不会损伤纤维，所以纯棉织物在常温下穿着使用、洗涤印染等对织品都无影响，由此提高了纯棉织品耐洗耐穿的服用性能。

耐碱性：棉纤维对碱的抵抗能力较大，棉纤维在碱溶液中，纤维不发生破坏现象，该性能有利于对污染的洗涤、消毒及除杂质，同时也可以对纯棉纺织品进行染色、印花及各种工艺加工，以产生更多棉织新品种。

卫生性：棉纤维是天然纤维，其主要成分是纤维素，还有少量的蜡状物质和含氮物与果胶质。纯棉织物经多方面查验和实践，织品与肌肤接触无任何刺激，无副作用，久穿对人体有益无害，卫生性能良好。

（3）纯棉织品的缺点

易皱，而且皱了以后比较难恢复（图1-2-11）。

易缩水，纯棉衣物的缩水率是2%~5%，经过特殊加工，或洗水处理例外。

易变形，纯棉衣物都容易变形，尤其是夏装，因为面料比较薄。

图1-2-11　起皱明显的纯棉面料

2. 麻布

麻布是以亚麻、苎麻、黄麻、剑麻、蕉麻等各种麻类植物纤维制成的一种布料。一般被用来制作休闲装、工作装，目前也多以其制作普通的夏装。它的优点是强度极高、吸湿、导热、透气性甚佳。它的缺点则是穿着不甚舒适，外观较为粗糙、生硬。

中国麻纺织的历史比丝绸更为悠久，古人最早使用的纺织品就是麻绳和麻布，大麻布和苎麻布一直被作为衣料，黄麻布和亚麻布自宋代开始生产。在麻纺织技术形成之前，人类用石器敲打麻类植物，使其变软，然后撕扯成细长的缕，用以搓绳或编结成网状物。

（1）代表性麻布品种

黄麻：具有独特气味，具有较好的吸湿性、透气性，坚韧、耐磨、耐用，井字交织，纹理清晰（图1-2-12）。

亚麻：手感柔软，自然大地色系，亚麻米色，色牢度较好，不掉色，面料纹路清晰，轻薄的质感透气性很好，柔软的质感亲肤舒适完全没有束缚感（图1-2-13）。

图1-2-12　黄麻

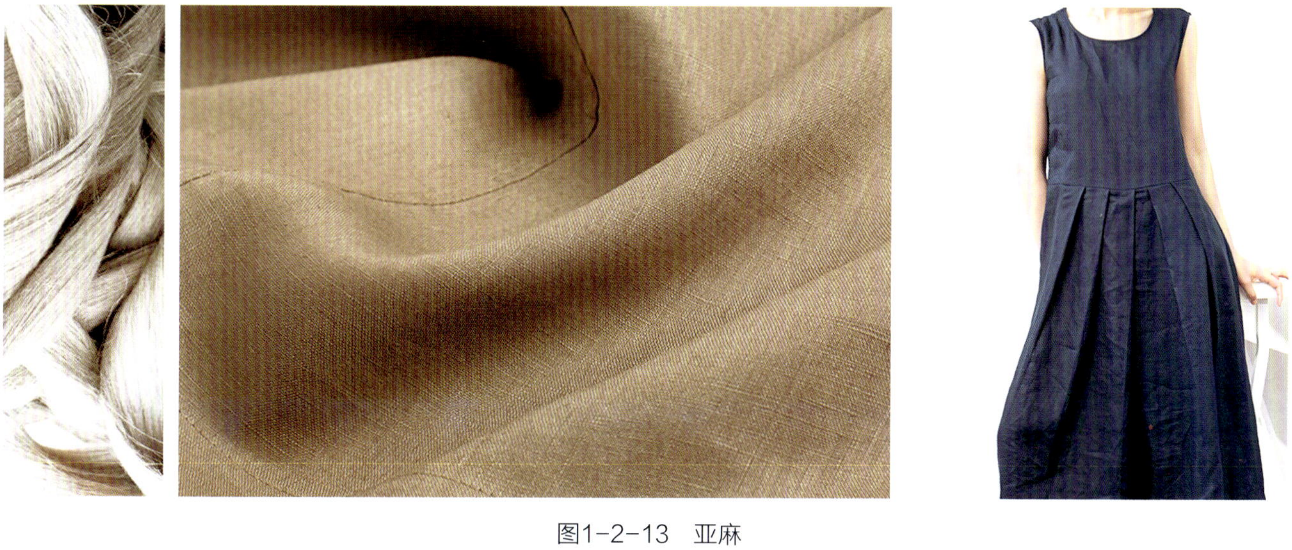

图1-2-13　亚麻

苎麻：苎麻布的制作要由种麻、浸麻、剥麻、漂洗（日晒夜露）、绩麻、成线、绞团、梳麻、上浆、纺织等12道手工工序组成，一道也不能少。由于夏布所用的原料苎麻胶质重，成麻不规则，因此无法用机器大规模生产，制作又颇受天气影响，使其身价倍增，供不应求。全手工苎麻布主要品种有：本色、本白等夏布，广泛应用于服装、家纺、家居、鞋帽等产品（图1-2-14）。

夏布的原料是苎麻，也称白叶苎麻。是多年生宿根草本植物，自古便是重要的纺织纤维作物。苎麻的织造水平在西汉达到非常高的水平，精细程度可以与西汉马王堆出土的、著名的素纱蝉衣相媲美。早在春秋战国时期，江西古越族先民就已经开始从事苎麻耕种和手工织布。春、秋两季收获的苎麻，要经过浸麻、剥麻、漂洗、绩纱、成线、绞团、梳麻、上浆、纺织等多道手工工序，才可得夏布一匹。也正因如此，夏布才更加弥足珍贵。中国的夏布产地主要集中在江西分宜、万载、萍乡一带，川渝的荣昌、隆昌等县，以及湖南浏阳、醴陵、平江等地（图1-2-15）。

（2）纯麻织品的特点

天然抑菌：大麻纺织品在未经任何药物处理且水洗后，按定性抑菌法测试的结果表明，它对金黄色葡萄球菌、绿脓杆菌、白色珠菌等都有不同程度的抑菌效果。经高频等离子发射光谱分析测定，大麻纤维中还含有10多种对人体有益的微量元素。

清凉爽身：大麻纤维的中心有细长空腔，与纤维表面纵向分布的许多裂纹和小孔洞相连，产生毛细效应。这使得大麻纤维具有良好的吸湿排汗性能，贴身穿着时感到格外清凉。

柔软舒适：大麻纤维是各种纤维中最细微的一种，细度仅为苎麻的1/3，接近棉纤维，且端部呈钝角形，因而大麻面料织品手感极为柔软，无需特别处理就可避免刺痒感和粗糙感。

屏蔽紫外线辐射：大麻纤维的横截面表现为不规则的三角形、多边形、腰圆形等，其分子结构为多棱状，较松散、有螺旋线纹。因此，大麻纤维对音波、光波有极好的消散作用。经中国科学院物理所检测，大麻纤维具有阻挡紫外线辐射的功能。

防静电：干燥的大麻纤维是电的不良导体，其抗电击穿能力高出棉纤维30%~90%，是良好的绝缘材料。通常情况下，由于大麻纤维吸湿性能好，含水率一般保持在12%左右。在空气湿度达95%的情况下，其含水率约为30%，手感却不觉得潮湿。因此，大麻面料能轻易避免静电积聚，不会因为衣着的摆动摩擦引起起球。

图1-2-14 苎麻

图1-2-15　夏布制作工序

耐热：大麻纤维的耐热性能也强于其他纤维。它能经受370℃高温的考验，因此特别适宜做防晒服装、太阳伞、露营帐篷以及各种特殊需要的工作装饰面料。

3. 丝绸

丝绸是以蚕丝为原料纺织而成的各种丝织物的统称。与棉布一样，它的品种很多，个性各异。它可被用来制作各种服装，尤其适合用来制作女士服装。它的长处是轻薄、合身、柔软、滑爽、透气、色彩绚丽、富有光泽、高贵典雅、穿着舒适。它的不足则是易生皱褶，容易吸身、不够结实、褪色较快。丝织物以其外观与结构特征分为14大类，即：绡、纺、绉、绸、缎、锦、绢、绫、罗、纱、葛、绨、呢、绒。

（1）香云纱——国家级非物质文化遗产

香云纱，广东省佛山市顺德区特产，中国国家地理标志产品，俗称云纱，是一种用广东特色植物薯莨的汁水对桑蚕丝织物涂层，再用珠三角地区特有的含矿河涌塘泥覆盖，经日晒加工而成的一种昂贵的纱绸制品。由于穿着走路会“沙沙”作响，所以最初叫“响云纱”，后人以谐音称为“香云纱”（图1-2-16）。

①产品特点：香云纱是世界纺织品中唯一用纯植物染料染色的丝绸面料，纱制作工艺独特，数量稀少，制作时间长，具有凉爽宜人、轻薄柔软、遇水快干、不易起皱、富有身骨[①]，除菌、驱虫、对皮肤具有保健作用的特点。感官特色：一是正面色泽乌黑

① 有身骨：专业词汇，由于经密比纬密大1倍，故斜纹纹路倾斜呈630°左右。

发亮，反面为咖啡色或原底彩色，并具有莨斑和泥斑痕迹；二是古朴、美观，手感质地细密、软滑、坚韧；三是透气性好、不沾身（图1-2-17）。

②工艺流程：坯绸准备→薯莨液制备→浸莨水→晒莨→洒莨水→一次封莨水→一次煮绸→二次封莨水→二次煮绸→三次封莨水（俗称“起货”）→过泥→清洗河泥→四次封莨水（俗称“复乌”）→摊雾（图1-2-18）。

（2）其他丝织品种类

①纺类：指用桑蚕丝、绢丝、人造丝等为原料织成的平纺织物，经纬丝一般不加捻或加弱捻。其织物质地轻薄，布面平整细密。主要品种包括电力纺、洋纺、杭纺、绢丝纺、富春纺等，适用于衬衫、裙子、裤子、里料等（图1-2-19）。

②绉类：运用织造上各种工艺条件作用、组织结构的作用（如强捻或利用张力强弱或原料强缩的特性等），使织物外观能呈现皱纹效应，近似绉缩效果，其外观独特、光泽柔和、手感滑爽，有一定弹性和抗皱性，不紧贴皮肤、透气性好，但缩水率较大。主要品种有乔其、双绉（图1-2-20）。

③绸类：织物的地纹可采用平纹或各种变化组织，或同时混用其他组织，绸类面料的原料有人造丝、合纤丝等，主要包括棉绸、双宫绸、砂洗绢丝绸。

④缎类：织物地纹的全部或大部采用缎纹组织的花素织物，表面平滑光亮、手感柔软，如花软缎、人丝缎。

⑤绒类：地纹和花纹的全部或局部采用起毛组织，表面呈现毛绒或毛圈的花素织物，如乔其绒、天鹅绒（图1-2-21）。

绢类：应用平纹或重平组织，经纬线先练白、染单

图1-2-16　香云纱面料

图1-2-17　香云纱设计成衣作品　设计师：罗正文

图1-2-18　香云纱面料过泥工艺和晒莨工艺

图1-2-19　纺类丝织品

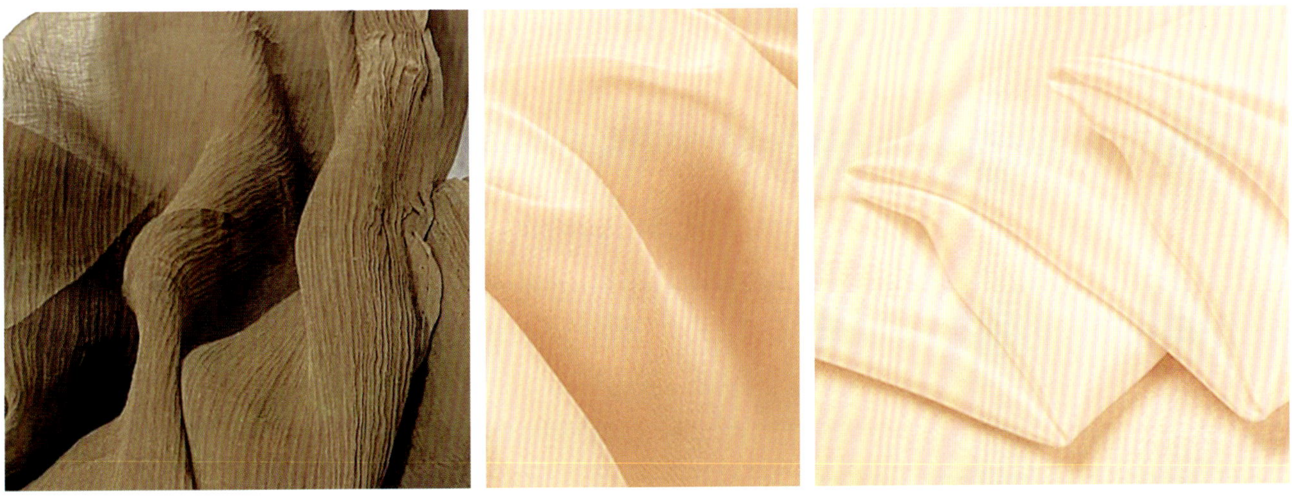

图1-2-20　绉类丝织品

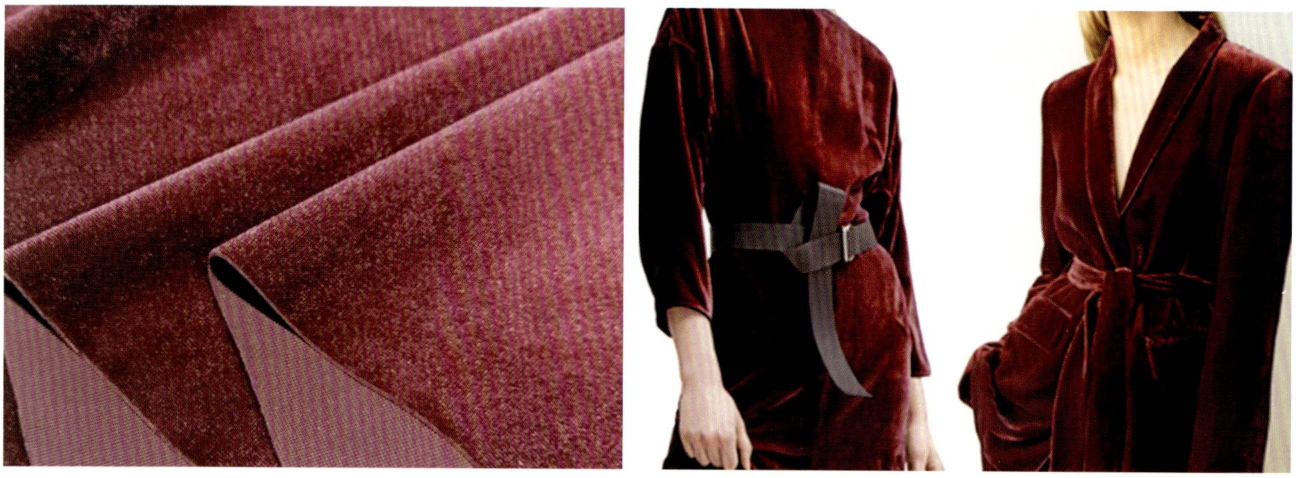

图1-2-21　绒类丝织品

色或复色的熟识花素织物，质地较轻薄，绸面细密、平整、挺括，如塔夫绸。

⑥绫类：运用各种斜纹组织为地纹的花素织物，表面具有显著的斜纹纹路，如斜纹绸、美丽绸。

⑦罗类：应用罗组织经向或纬向构成一列纱孔的花素织物，如涤纶纱、杭罗。

⑧纱类：应用绞纱组织，在地纹或花纹的全部或一部分构成有纱孔的花素织物，如芦纱、山纱。

⑨绡类：采用平纹或绞纱组织或经纬平行交织的其他组织而构成有似纱组织孔眼的花素织物，经纬密度较小，质地透明轻薄，如头巾、条花绡。

⑩葛类：一般经细纬粗，经密纬疏，地纹表面少光泽，而有比较明显粗细一致的横向凸纹，经纬一般不加捻，如文尚葛、明华葛。

⑪呢类：用绉组织或短浮纹组织成地纹，不显露光泽，质地比较丰满、厚实、有毛型感，如素花呢。

⑫绨类：用长丝作经，棉纱蜡线或其他低级原料作纬，地纹用平纹组成，质地比较粗厚的花素织物，如绨被面、素绨。

⑬锦类：外观瑰丽多彩，花纹精致高雅的色织多梭纹提花丝织物，如织锦缎、古香缎。南京云锦、成都蜀锦、苏州宋锦、广西壮锦并称“中国四大名锦”（图1-2-22）。

云锦：南京传统提花丝织物的总称，其历史可追溯到东晋在南京设立的官营织造官署——锦署。云锦以其华贵，多彩灿烂，变换如云霞而得名。云锦的传统工艺主要有“妆花”“织金”和“金宝地”等。妆花锦用色变化丰富，一种织物上的花纹配色多达十余种，最多可达20～30种，图案的布局严谨庄重，简练概括。

蜀锦：又称蜀江锦，是指四川省成都市所出产的锦类丝织品，起源于战国时期，有两千年的历史，大多以经线彩色起彩，彩条添花，经纬起花，先彩条后锦群，方形、条形、几何骨架添花，对称纹样，四方连续，色调鲜艳，对比性强，是一种具有汉民族特色和地方风格的多彩织锦。蜀锦历史悠久，载誉华夏，同时也是日本国宝级传统工艺品京都西阵织的前身。

宋锦：起源于隋唐，因兴盛于宋代而得名。宋锦是以纯桑蚕丝或桑蚕丝经线和有光人造丝彩纬色织彩纬显色的纬锦，采用三枚斜纹组织、两种经线（面经用本色生丝，底色用有色熟丝）、三种有色纬线（花纹与地兼用的色纬和两种专用织花纹的色纬）织成。宋锦的特点是质地柔软，色泽光亮，花型雅致，古意盎然。

壮锦是广西壮族自治区传统的著名丝织物，产生于宋代，在宋代，壮族称为僮族，故壮锦又称僮锦。壮锦是以棉纱股线或麻纱股线为经、桑蚕丝为纬的色织提花织物，也有采用染色桑蚕丝为经、染色有光人造丝或金（银）皮作纬织造。常用几种不同颜色的丝线织成，色彩以红、绿、黑、黄为主，一般以红色为背景，色彩斑斓，绚丽多姿，对比强烈，具有浓艳粗犷的艺术风格。

⑭绨丝：通过通经断（回）纬的方式织造的平纹

或其他组织的特种丝织品。用缀织法织制的缂丝，首先产生于中国（图1-2-23）。

古人形容缂丝“承空观之如雕镂之像”。旧时刻丝著录所说的“通经断纬”，即指此意。其成品的花纹，正反两面如一。缂丝技艺从前代承袭到宋代以后不断发展，至清代缂丝业中心已移至苏州一带，所用彩色纬丝多达6000种颜色，采用缂丝法临摹的名人书画，工艺精湛、形象逼真。常有“一寸缂丝一寸金”和“织中之圣”的盛名。缂丝制品至今仍然被作为高级工艺品生产、收藏。

2006年5月，苏州缂丝织造技艺入选第一批国家级非物质文化遗产代表性项目名录；2009年9月，缂丝又作为中国蚕桑丝织技艺入选世界非物质文化遗产。

（3）纯丝织品的特点

亲肤性：丝织物与皮肤之间有着良好的触感，吸湿透气，轻盈滑爽，弹性好，特别适合做贴身服装，且非常适合于儿童娇嫩的皮肤。

抗皱性：丝织物容易起皱，最好用手洗，切忌用力拧搓或用硬刷刷洗，应轻揉后用清水投净，用手或毛巾轻轻挤出水分，在背阴处晾干。

护肤保健功能：蚕丝是一种天然高级蛋白质纤维，含有18种与人体皮肤相类似的氨基酸成分，真丝绸附着在皮肤上通过接触摩擦，对人体的皮肤有保护滋润、延缓衰老的作用。

具有吸污和搞菌力：经专家学者研究，蚕丝中的乙氨酸有防日光辐射的能力，利用真丝纤维对紫外线的吸

图1-2-22　中国四大名锦之蜀锦、云锦

图1-2-23　缂丝工艺

收性可以防御过剩的紫外线对人体皮肤的危害；蚕丝中所含的氮元素能抑制纤维迅速燃烧，而遇火不易烫伤人的皮肤。因此，有人将丝绸赞誉为人类的“第二皮肤”一点儿也不过分。

4. 呢绒

呢绒又称为毛料，它是对用各类羊毛、羊绒织成的织物的泛称，通常适用于制作礼服、西装、大衣等正规、高档的服装。其优点是防皱耐磨，手感柔软，高雅挺括，富有弹性，保暖性强；缺点主要是洗涤较为困难，不大适用于制作夏装。

（1）精纺毛料

精纺毛料是以纯净的绵羊毛为主，也可混用一定比例的毛型化学纤维或其他天然纤维，经精梳设备工艺加工，通过多次梳理、并合、牵伸、纺纱、织造、染整而制成的高档服装面料。它具有动物兽毛所特有的良好的弹性、柔软性、独特的缩绒性及抗皱性，当吸收湿气或汗液后还具保暖性。精纺毛织品面料做成的成衣坚牢耐穿，长时间内不变形，且因无极光而显得格外庄重，质地滑爽，外观高雅挺括，光泽自然柔和，触感丰满，风格经典。因此，精纺毛料是高档职业装首选面料（图1-2-24）。

精纺毛料夏装克重：180~250克；冬装克重：250~380克；纱支粗细：70~120支（纱支越高，面料越细腻）；含毛量：羊毛含量达到45%~90%。

（2）粗纺呢绒

粗纺呢绒要求绒面均匀细洁，织纹紧密，厚而不硬，绒头不应太长；对驼绒、长毛绒等起毛织物，要求绒头挺立平整，用手拂动不掉毛，不能有露底、秃绒、斑痕和绒头高低、疏密不齐的现象，如麦尔登、大衣呢、海力斯、粗花呢、法兰绒（图1-2-25）。

图1-2-24 职业装常选精纺毛料面料

图1-2-25 粗纺呢绒面料

5. 皮革

皮革是经过鞣制而成的动物毛皮面料，多用以制作秋冬服装，可以分为两类：革皮和裘皮。

（1）革皮

即经过去毛处理的皮革。

①真皮：动物革是一种天然皮革，即常说的真皮，是由动物生皮经皮革厂鞣制加工后，制成各种特性、强度、手感、色彩、花纹的皮具材料，是现代真皮制品的必需材料。真皮动物革的加工过程非常复杂，制成成品皮革需要经过几十道工序：生皮—浸水—去肉—脱脂—脱毛—浸碱—膨胀—脱灰—软化—浸酸—鞣制—剖层—削匀—复鞣—中和—染色—加油—填充—干燥—整理—涂饰—成品皮革（图1-2-26）。

革皮种类也非常多，按材料分，常见的有羊皮革、牛皮革、马皮革、蛇皮革、猪皮革、鳄鱼皮革等；按性能又可分为二层皮革、全粒皮革、绒面革、修饰面革、贴膜革、复合革、涂饰性剖层革等。其中，牛皮、羊皮和猪皮是制革所用原料的三大皮种。牛皮革面细，强度高，最适宜制作皮鞋；羊皮革轻，薄而软，是皮革服装的理想面料。

②再生皮：将各种动物的废皮及真皮下脚料粉碎后，调配化工原料加工制作而成。其表面加工工艺同真皮的修面皮、压花皮一样，其特点是皮张边缘较整齐、利用率高、价格便宜；但皮身一般较厚，强度较差，只适宜制作平价公文箱、拉杆袋、球杆套等定型工艺产品和平价皮带。

③人造革：也称为仿皮或胶料，是PVC（聚氯乙烯）和PU（聚氨酯）等人造材料的总称。它是在纺织布基或无纺布基皮革上，由各种不同配方的PVC和PU等发泡或覆膜加工制作而成，可以根据不同强度、耐磨度、耐寒度和色彩、光泽、花纹图案等要求加工制成，具有花色品种繁多、防水性能好、边幅整齐、利用率高和价格相对真皮便宜的特点。

④合成革：是模拟天然革的组成和结构并可作为其代用材料的塑料制品。其表面主要是聚氨酯，基料是涤纶、棉、丙纶等合成纤维制成的无纺布。其正、反面都与皮革十分相似，并具有一定的透气性。合成革表面光滑、通张厚薄，色泽和强度等均一，在防水、耐酸碱、微生物方面优于天然皮革（图1-2-27）。

（2）裘皮

裘皮即处理过的连皮带毛的皮革。其优点是轻盈保暖，雍容华贵；缺点是价格昂贵，贮藏、护理方面要求较高，故不宜普及（图1-2-28）。

裘皮主要分为三类：

①天然大小毛细皮：天然大毛细皮类皮革主要包括狐皮、貂子皮、猞猁皮、獾皮，张幅较大，常被用来制作高档儿童帽子、大衣、斗篷。天然小毛细皮类皮革主要包括紫貂皮、水貂皮、灰鼠皮、扫雪貂皮等，毛被细短柔软，适合做高档儿童大衣、帽子、围巾、披肩等。

图1-2-26　真皮皮革面料

图1-2-27　各种革皮类产品

图1-2-28　裘服装设计

②天然粗皮草：常用的天然粗皮草类皮革有羊皮、狗皮、狼皮、豹皮等。毛长且张幅较大，可以用来做帽子、大衣、背心、衣里等。

③人造皮草：人造皮草是通过多种类型的化学纤维混合而成的。人造皮草幅面较大，可以染成各种明亮的色彩。此外，它具有动物皮草的外观，各种野生和养殖的皮草种类都可以仿制。但其最大的特点就是不环保，不易降解，对环境有污染。

6. 化纤

化纤是化学纤维的简称，是利用高分子化合物为原料制作而成的纤维的纺织品，通常分为人工纤维与合成纤维两大门类。它们共同的优点是色彩鲜艳、质地柔软、悬垂挺括、滑爽舒适；缺点则是耐磨性、耐热性、吸湿性、透气性较差，遇热容易变形，容易产生静电。此外，化纤还具有耐光、耐磨、易洗、易干、不霉烂、不被虫蛀等优点（图1-2-29）。

现在市场中常见的化学纤维有再生纤维、粘胶纤维、富强纤维、合成纤维（涤纶、锦纶、腈纶、氯纶、维纶、氨纶、聚烯烃弹力丝等）。

7. 混纺

混纺是将天然纤维与化学纤维按照一定的比例，混合纺织而成的织物，可用来制作各种服装。它的长处是既吸收了棉、麻、丝、毛和化纤各自的优点，又尽可能地避免了它们各自的缺点，而且在价值上相对低廉，所以大受欢迎。

混纺分为毛粘混纺、羊兔毛混纺、TR面料（涤粘混纺织物）、高密NC布（锦纶与棉纱混纺织物）、3M（聚酯纤维45%+再生纤维素纤维55%）防水摩丝布、天丝（TENCEL）面料（天然植物纤维素）、柔赛丝、TNC面料（超级纤维涤纶、绵纶与高支棉纱复合面料，也称为“三合一纤维织”的最新流行面料）、复合面料等。

比如涤棉混纺物是以涤纶为主要成分，采用65%~67%涤纶和33%~35%的棉花混纱线织成的纺织品，涤棉布俗称棉的确良（图1-2-30）。其特点：既突出了涤纶的风格又有棉织物的长处，在干、湿情

图1-2-29　风格多样的化纤面料

图1-2-30　20世纪七八十年代“的确良”面料在我国广泛流行

况下弹性和耐磨性都较好，尺寸稳定，缩水率小，具有挺拔、不易皱褶、易洗快干的特点，但不能用高温熨烫和沸水浸泡。

天丝面料：天丝是采用氧化铵为基础的溶剂纺丝技术制取的，因溶剂可以回收，对生态无害，又被称为21世纪粘胶纤维。天丝具有粘胶纤维良好的吸湿性，又有合成纤维的高强度。天丝织物尺寸稳定性较好，水洗缩率较小，织物柔软，有丝绸般光泽。采用天丝制作的服装，服帖柔顺，多种方式均可清洗，仍可保持柔软，不会变型（图1-2-31）。

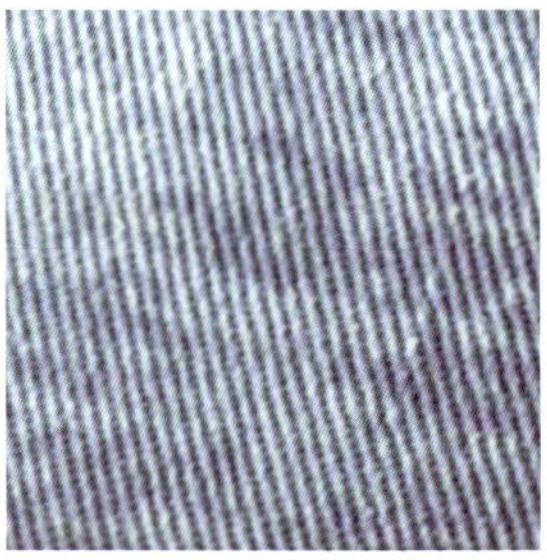
20支×20支斜纹天丝面料印花

60支×60支平纹天丝面料

图1-2-31　市场中面料商销售的天丝面料

8. 针织

针织被定义为织物的主要类型之一，由针织机将纱线弯曲成为线圈，并由线圈纵串横联而成针织物，按照线圈的联系特性，可分为纬编针织物和经编针织物两大类。针织物质地松软，有良好的抗皱性与透气性，并有较大的延伸性与弹性，穿着舒适（图1-2-32）。

针织服装分为针织成型服装和针织剪裁服装两大类。针织成型服装是通过针织机上的收针和放针，编织出具有衣服形态的衣片或衣坯，然后缝合而成的服装，如毛衣、手套、帽子等；针织剪裁服装是把针织坯布按照板剪裁成衣片再缝合为成衣，如休闲外衣、针织内衣等（图1-2-33）。

我国的针织生产基地主要有浙江桐乡濮院、浙江杭州、广东大朗、河北清河、山东即墨等地。

图1-2-32　针织面料

图1-2-33　创意针织服装设计

三、面料市场中的基础知识和常用语言

1. 面料色卡的基础知识

面料色卡是面料商用于展示面料风格质感以及颜色的卡片，通常一个面料色卡上会展示很多种不同的可供销售的面料。服装设计师根据设计需求选择合适的面料，并联系面料商下单购买（图1-2-34）。

2. 面料色卡常用语言

面料色卡上通常会有以下参数：

①品名Name — 面料的种类名称

②材料/成分Material —

天然纱线

人工合成：氨纶（Spandex），涤纶（Polyester），腈纶（Acrylic），尼龙（Nylon）

混纺：两种或两种以上的纱线混合织成的

在色卡上面料成分通常以百分比方式呈现，常用的几个材质字母表示如下：

T——terylene（涤纶纱）

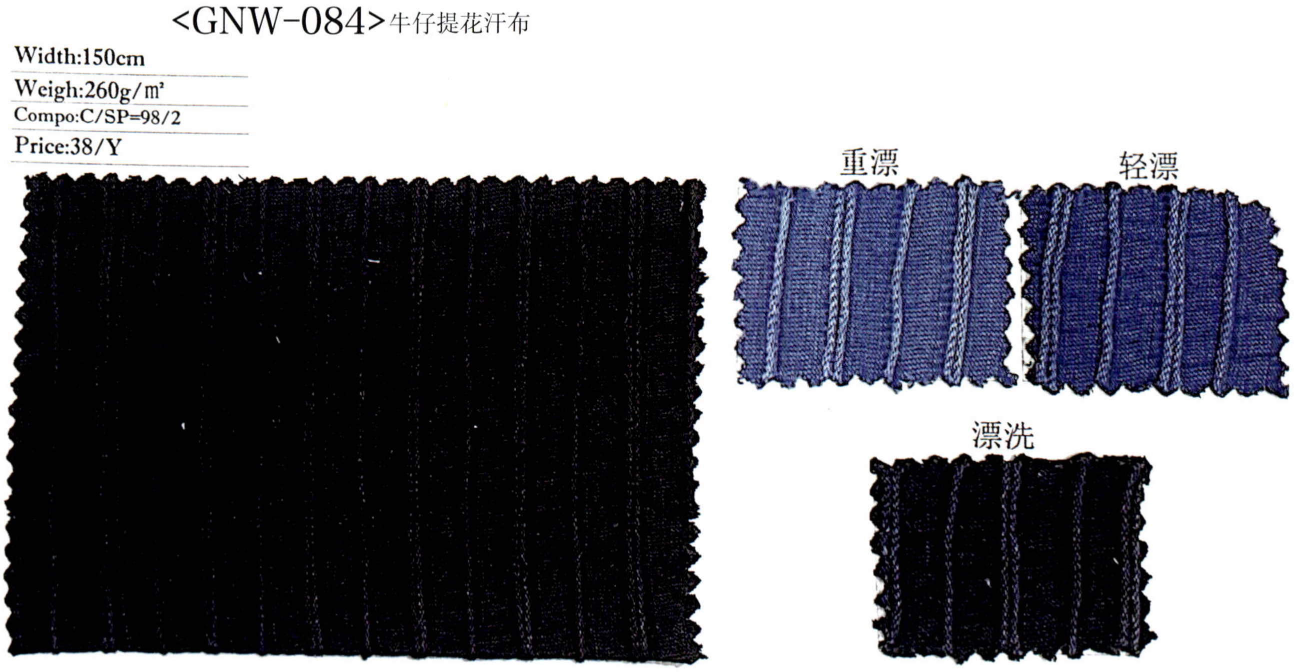

图1-2-34　牛仔面料色卡

C——cotton（棉）

N——Nylon（尼龙）

S/SP——Spandex（氨纶）

R——Rayon（人造丝）

③支数Thread count —— 纱支是评定纱线粗细的一个物理指标，其全称为公制支数，其概念为在公定回潮率时，1g重量的纤维或纱线所具有的长度，经常会看到两个单位S和D。

S——英制单位支数，S前面的数值越大纱线的长度就越长，那么纱线就越细。

D——表示纱线细度的名称，多用于长纤纱支，D前面的数值越大纱线越粗。

支数的实际应用：

棉面料一般比较粗，化纤面料一般较细。棉面料一般是用S表示，化纤面料则是用D表示。面料有经纬向，32S×32S，说明这是棉面料；150D×300D就说明这块面料是化纤面料，经是150D，纬是300D；如果是75S×150D就说明这块面料是棉涤或者棉锦的，经向是75支的棉纱，纬向是150D的化纤原料。

④克重（Weight）—— 面料的克重为$1m^2$面料重量的克数，单位为克/平方米（g/m^2），克重通常用来衡量一块布的厚薄，如160g/m^2，180g/m^2，200g/m^2克重一般用来表示面料的厚薄程度，克重越大衣服越重。T恤一般为160~220克，太薄会透、太厚会闷。

⑤幅宽（Width）—— 面料的有效宽度，有英制和公制两种表示方法。英制用寸表示，符号为“"”，公制用厘米（cm）表示（1英寸=2.54厘米）。

第三节　项目实践

一、项目任务

项目一：色卡及小样归类

走访调研当地著名的面料市场，分别收集10种不同面料的色卡，并将收集到的色卡及材料小样进行分类归档，收集的面料小样可按照面料品类、面料名称、面料商信息、面料特点等项目进行分类归档。

项目二：成衣面料相互介绍

找到一套你日常穿着的成衣及其对应的面料色卡，并介绍不同面料的种类和特点。

二、项目实施（实践程序）

1. 理解项目

成衣面料是成衣设计的基础，要了解成衣面料相关基础知识，注意：这也是服装企业从业人员必须要掌握的“基本功”。在服装企业工作系统中构建了完善的工作组织，不同岗位的工作人员工作职责明确，下面是对于不同岗位中的与成衣面料相关的工作项目任务的剖析。

（1）服装设计师

联系面料商，参加面料展会，收集流行面料色卡；

明确设计思路，绘制服装款式图并确定面辅料，接受设计总监的总体操控和建议；

协调版师和样衣工的工作，了解成衣面料控制样衣的工艺方法和质量。

（2）纸样师

按设计师的要求做出新板，经审核批板后，则规范画出实样（含修剪样）；

负责每个新板的正确尺寸及成衣效果的确定；

负责校对不同质地、不同肌理的面料，对纸样做出不同的细节处理。

（3）服装陈列师

根据成衣款式、色彩、面料等流行趋势及公司陈列指导手册进行店铺不同区域、不同主题的陈列搭配；

根据销售情况随时进行陈列调整和成衣产品维护；

根据公司橱窗主题及流行趋势和成衣面料特点陈列搭配服装及配饰，吸引顾客进店。

（4）服装销售

根据服装款式、色彩、面料基本知识、流行元素等进行合理的上下装及服饰配件搭配；

根据顾客特点快速搭配出多种风格、不同面料质感的服装；

了解成衣面料等基础知识，掌握顾客的服饰消费心理和需求，把握销售节奏及不同阶段的重点，促成多单或者连单销售；

针对不同类别顾客的情况，定期访问、跟踪、提供成衣保养技巧，维护顾客良好关系，促成顾客回购率/店铺返客率提升。

（5）服装生产跟单员/工

负责跟进最终确定生产款式的设计资料（包括款式细节、面料工艺等）的更新；最终确定生产款式样板的意见更新，形成大货生产资料；

完成工艺制单设计，对各个部位详细列明要求，透彻到位；

针对新款核查纸样，准确用料，进行纸样分类保存存档，核查裁片；

负责制订生产工艺流程、作业指导书，制订材料消耗工艺定额、标准工时定额等工作。

2. 实地调研以及资料收集（图1-3-1、图1-3-2）

3. 面料色卡归档（图1-3-3）

4. 成衣面料选择，现场演示介绍（图1-3-4、图1-3-5）

图1-3-1 网上资料搜集，实地调研前期准备

图1-3-2 实地面料市场调研，了解真实面料和面料市场，收集面料小样

图1-3-3　按照面料种类对色卡进行整理归档

图1-3-4　同类型款式特点下不同面料的选择展现出不同成衣效果

图1-3-5　同学间选择穿着成衣相应面料色卡，介绍面料种类及特点

三、相关参考资料

[1] 陈丽华．服装材料［M］．北京：中国纺织出版社，2018.

[2] 杨颐．服装创意面料设计（第二版）［M］．上海：东华大学出版社，2015.

[3] 吕炜玮，佘步颖．服装面料设计［M］．杭州：中国美术学院出版社，2019.

[4] 广州国际轻纺网 www.gzitn.com

[5] 布联网 www.b21.com

[6] 3号馆 www.3hmlg.com

[7] 纺织服装周刊 www.taweekly.com

[8] 优料宝 www.uliaobao.com

第四节 案例赏析

环保创意面料使用——Nanushka[①]

Nanushka的服装美观性和功能性兼具。在品牌创始人Sandra创立品牌初期，她就将服装的可持续性的环保理念定为其服装设计生产的重点。大部分的纯素皮革由PVC和PU制成（图1-4-1），它们兼具动物皮革的质感和光泽。而这也是Nanushka这几年凭借纯素皮革迅速出圈的关键所在。

Nanushka将素皮运用到服装配饰上，它们手感柔软细腻，色彩丰富，可塑性强。用它们打造出来的服装，硬朗的剪裁下，散发着一丝慵懒随意。同一款衣服系扣或者敞怀不同的穿法，有着不同的气质（图1-4-2）。

Nanushka还用素皮打造出发圈、围巾、手袋等（图1-4-3）。相较于真皮的价格，这种素皮产品也是非常有价格优势的。

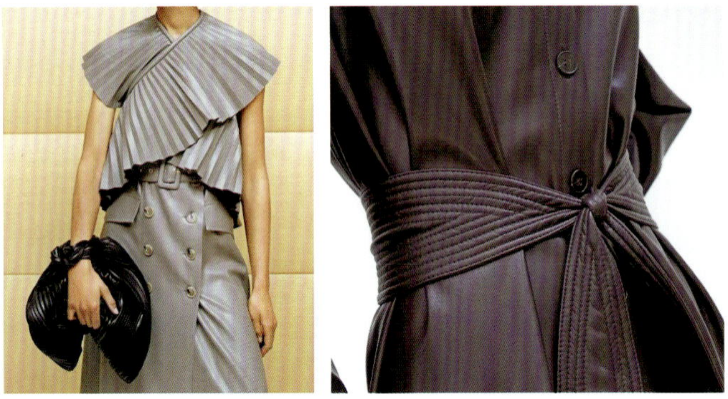

图1-4-1 Nanushka 纯素皮皮革外套

图1-4-2 可造型性极强的纯素皮面料

图1-4-3 由纯素皮打造的服饰配饰产品

① Nanushka是由设计师Sandra Sandor于2006年在布达佩斯创立的品牌。

思政训练项目

中国共产党作风简朴，多使用耐磨的棉麻材料制作衣物，抗战时期红军的常服就多采用棉麻制作，现重庆博物馆馆藏有棉麻纤维质地的新四军袖章，印有“N4A”字样，是重建新四军后设计的新样式，更为耐用，在新四军中广泛使用。请根据以上信息，查阅中国共产党红军作战史，找出四样历史上红军曾使用棉麻材料制作的服装或者服饰配件。

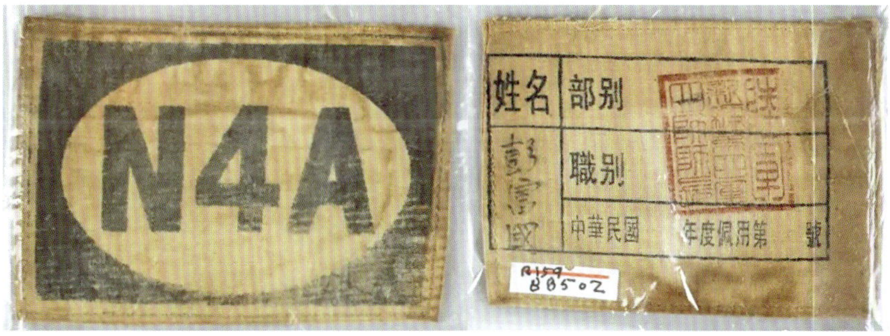

臂章：棉麻纤维制品。长6厘米、宽5.5厘米。现藏于重庆中国三峡博物重庆博物馆。

臂章正面文字：N4A。背面姓名栏填：彭富国。部别、职别栏盖有“陆军新编第四军四师师长”朱文方印。

第二章

项目实训——成衣面料的搭配设计

第一节　课程概况

一、教学目的

让学生对不同服装材料适配的服装款式类型及材料与材料之间互相的搭配方法有基本的了解。

二、教学目标

1. 知识目标

①掌握不同类型服装适配的面料范畴。

②了解不同服装材料搭配设计的原则。

2. 能力目标

①精准定位不同类型服装适配面料的能力。

②掌握服装材料搭配风格设计的能力。

3. 情感目标

①通过学习，降低学生由设计落地到实践的失败率。

②提高学生对服装设计最终成衣的预见性。

③增强学生独立自主思考服装成衣制作的可能性。

④引导学生用实际工作方式成熟地、立体地、全面地思考服装面料搭配设计，提高学生的专业自信心。

三、重点与难点

重点：不同类型服装适配的面料范畴

通过案例讲解，配合实物展示、课堂即时练习，引导学生从尝试分析，到独立自主完成单件服装的简单面料搭配定位、综合性面料搭配定位，最后到系列服装多种面料、多种款式设计搭配定位。

难点：创意型面料的搭配设计实践

创意型面料特点突出，容易喧宾夺主且大多不易处理，较难搭配。通过实践结合理论，非服用材料采用非常规缝合固定方法，因势利导。

四、课时安排

单元课时：8课时/周，4课时/次

第二节　基础理论和基本概念

一、成衣材料的分类

1. 服用型面料

服用型面料即服装成衣设计中较常使用的面料。服装面料多为纤维制品，按原料分类，如棉、毛、丝、麻等天然纤维和粘纤、腈纶、氨纶等化学纤维所构成的织物。视觉上具有美观性，触摸起来多具有较好的肤感，功能上可以起到保暖、吸湿等效果。

根据季节分析，各品牌春夏季选用棉织物、丝织物、麻织物较多，而秋冬季则选择毛织物、化纤织物和非纺织材料等，其中非纺织材料包括皮革、人造革、毛毡等。例如澳洲品牌齐默尔曼（Zimmermann[①]），在2021秋冬季的产品上多用棉、羊毛、聚酯纤维、粘纤等材质，保暖的同时兼具美观性（图2-2-1）；春夏季产品多选用纯棉、真丝、苎麻等透气性好、手感舒服的材质（图2-2-2）。

图2-2-1　齐默尔曼（Zimmermann）2021秋冬产品

图2-2-2　齐默尔曼（Zimmermann）2021春夏产品

① Zimmermann是1991年由设计师尼凯和西蒙·齐默尔曼创立的澳大利亚女装品牌。

2. 创意型面料

（1）常见服用面料

创意型面料分为两大类：一类是常见服用材料的二次改造，又称面料再造；另一类是非服用型面料。此面料再造是对成品面料的二次工艺处理，使之产生新的艺术效果。处理方法也有很多，常见的有激光雕刻、堆积、抽褶、层叠、凹凸、褶裥、褶皱等（图2-2-3）。在面料的改造中，要从面料的视觉、触觉两方面入手，用细节展示出设计的内涵和层次。面料的改造也体现了设计师的创新能力，世界上有很多大师级设计师都曾用面料设计来突显自己的风格，如巴尔曼（Balmain[①]）曾大量运用了古老编织、迷人图腾和晶饰刺绣等非洲元素，以更为全球化的视野为巴黎扩写摩登注脚（图2-2-4）；可可香奈儿（Coco Chanel[②]）的粗花呢套装（图2-2-5），使其成为服装经典款式造型，流行了无数个轮回。在新锐服装设计师中也有优秀的案例可以学习。中国设计师裘淑婷擅长使用印花与大胆的造型色彩，她的作品面料采用鲜明的色彩碰撞和繁复工艺以及印花元素，去展现女性内心浪漫温柔的一面（图2-2-6）。

图2-2-3　面料再造

① Balmain是法国时装设计师皮埃尔·巴尔曼先生创建的品牌。

② Coco Chanel是法国时装设计师加布里埃·香奈儿创建的品牌。

图2-2-4　巴尔曼（Balmain）2022早春系列

图2-2-5　香奈尔（Chanel）2021/2022秋冬高级定制服系列

图2-2-6 设计师同名设计品牌SHUTING QIU面料设计作品

（2）非服用型面料

此类非服用型面料，多由混纺纤维或综合材料所构成，是指纺织品、人工皮革以及天然动物毛皮以外的用于服装设计及制作创意服装的天然材料及人工合成材料。非服用材料是近年来随着市场需求及文化发展而出现的一种新的服装表现形式，同时运用多种科技及手工艺手段展现出独特的服装效果。新锐服装设计师在服装设计当中较多偏好使用非服用型面料，从而呈现设计的独特性和强烈的造型感。由于现今服装设计发展迅速，越来越多的跨界艺术家加入服装设计师的行列当中，用于做服装的材料也愈发多样化和创意化，从树脂、金属、胶质PVC、木头到有机玻璃亚克力，再到陶瓷，几乎都能用于服饰面料搭配设计（图2-2-7、图2-2-8）。

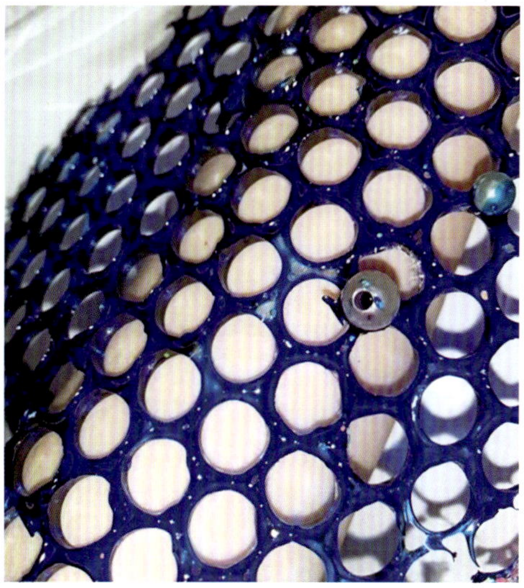

图2-2-7　材料：环氧树脂、泡沫纸

图2-2-8　材料：TPU、锡纸、蜡烛、硫酸纸

二、服用型面料的搭配设计实践

1. 根据面料特征进行搭配设计实践

风格是指艺术作品的创作者对艺术的独特见解和与之相适应的独特手法所表现出来的作品的面貌特征，风格必须借助于某种形式的载体才能体现出来。服装风格的载体就是服装本身，服装风格能传达出服装的总体特征，给人以视觉上的冲击和精神上的作用，这种强烈的感染力是服装的灵魂所在。

一个优秀的服装设计必定有其独特的服装风格，这就要求服装设计师能够根据不同面料的特征进行搭配设计实践，再结合相应的服装造型设计，创造出具有深刻涵义的服装作品。

不同材质的面料在造型风格上各具特点，选择服装面料时，需要根据服装的机能要求选用恰当的面料，如何利用面料的质感和弹性、悬垂性、塑体性等性质去体现服装的造型，使面料材质和服装造型两者达到一加一大于二的效果，是每一件服装作品成功与否的关键。下面根据面料的特点以及在服装设计中的实际运用介绍如下：

（1）柔软型面料

柔软型面料一般手感舒适、悬垂性好、造型线条流畅贴体，能够把服装轮廓干净利落地展现出来，且能把穿着者的形体曲线凸显得较为自然舒适。常见柔软型面料如针织、丝、醋酸、软缎、真丝金丝绒、人丝、雪纺等，适合制作春夏季连衣裙、阔腿裤、宽松式上衣等需要展现轻盈飘逸感的服装款式（图2-2-9、图2-2-10）。

优雅风格：关键词是端庄、浪漫、严谨、精致。优雅风格具有较强的女性特征，是兼具时尚感的较成熟的，外观与品质较华丽的服装风格。讲究细部设计，强调精致的感觉，装饰比较女性化，外形线多顺应女性身体的自然曲线，表现出成熟女性那种脱俗考究、优雅稳重的气质风范。色彩多为柔和的灰色调，用料比较高档。

图2-2-9　夏姿陈（SHIATZY CHEN）2022早春系列

图2-2-10　戴维贝拉（DAVE＆BELLA）夏季童装

芬迪（Fendi）2021春夏高级成衣中将真丝、亚麻、针织和丝绵几种轻薄型面料进行搭配，辅以印花、镂空、绣花等工艺手法，打造出了优雅精致的女装风格（图2-2-11）。

休闲风格：是相对于商务风格来说的，整体上比较轻松随意。休闲，英文为“Casual”，此词在时装上覆盖的范围很广，包括日常穿着的便装、运动装、家居装，或把正装稍作改进的“休闲风格的时装”。它是人们在无拘无束、自由自在的休闲生活中穿着的服装，将简洁自然的风貌展示在人前。休闲风格一般可以分为：前卫休闲风格、运动休闲风格、浪漫休闲风格、古典休闲风格、民俗休闲风格和乡村休闲风格等。

潮流品牌奥夫华特（Off-white）2021春夏高级成衣系列中运用了高弹化纤混纺面料、混纺斜纹棉布面料、牛仔面料、皮革面料、薄型针织面料进行搭配设计，形成前卫个性的街头时尚休闲风格（图2-2-12）。

民族风格：巧妙地运用具有特色的世界各地区不同民族的民俗图案和纹样，在风格作品的面料中巧妙地融入民族服装中常见的工艺手法，比如编织、钩花、蜡染、扎染、泼染等工艺，具有浓郁的民俗风味。

克里斯汀·迪奥（Christian Dior）2021春夏高级成衣中使用了真丝、针织、皮革、雪纺、混纺棉以及织锦的面料，在面料工艺中巧妙地运用提花、印花、编织、绣花等手法，使人感受到浓重的异域民族休闲时尚风格（图2-2-13）。

（2）挺阔型面料

挺阔型面料造型线条清晰有力量感，能形成立体感较强的造型，用挺阔型面料制作出来的服装不贴身，干净的服装轮廓可以很好地修饰身材，呈现大方端庄大气的形象，适用于正装、礼服、通勤类服装。常见的挺阔型面料有精纺棉织物、中厚型毛料、化纤织物和塔夫绸等，比较适合轮廓鲜明合体的服装款式，比如西装、西裤、小礼服裙、夹克衫等（图2-2-14、图2-2-15）。

经典风格：经典风格端庄大方，具有传统服装的特点，是相对比较成熟的，能被大多数女性接受的，讲究穿着品质的服装风格。经典风格比较保守，不太受流行左右，追求严谨而高雅，文静而含蓄，是以高度和谐为主要特征的一种服饰风格。正统的西式套装是经典风格的典型代表。服装轮廓多为X形和Y形，A形也经常使用，而O形和H形则相对较少。色彩多以藏蓝、棕色、酒红、墨绿等沉静高雅的古典色为主。花色以彩色单色

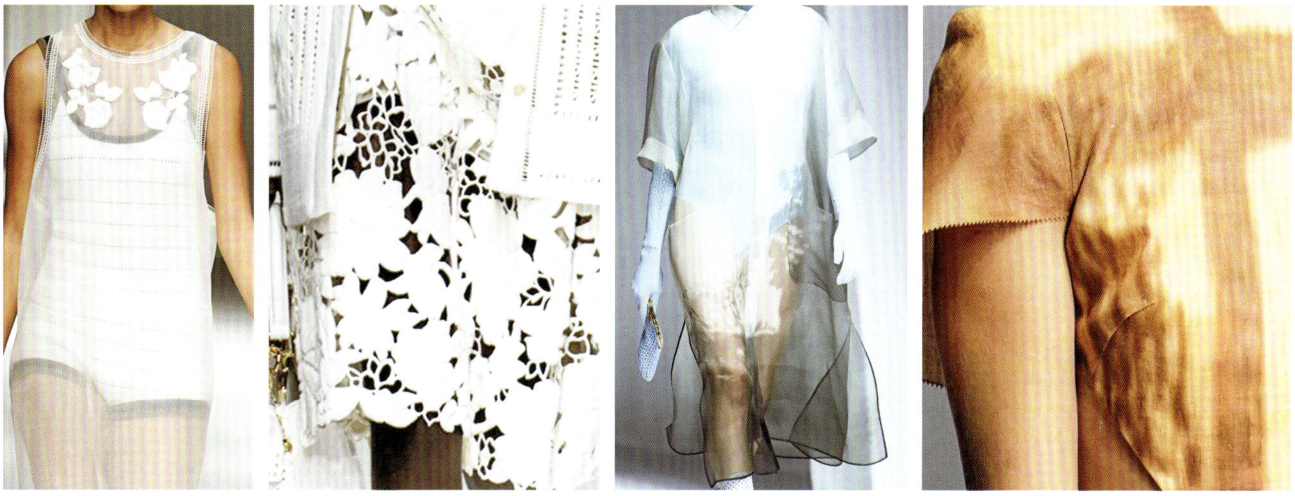

图2-2-11 芬迪（Fendi）2021春夏高级成衣

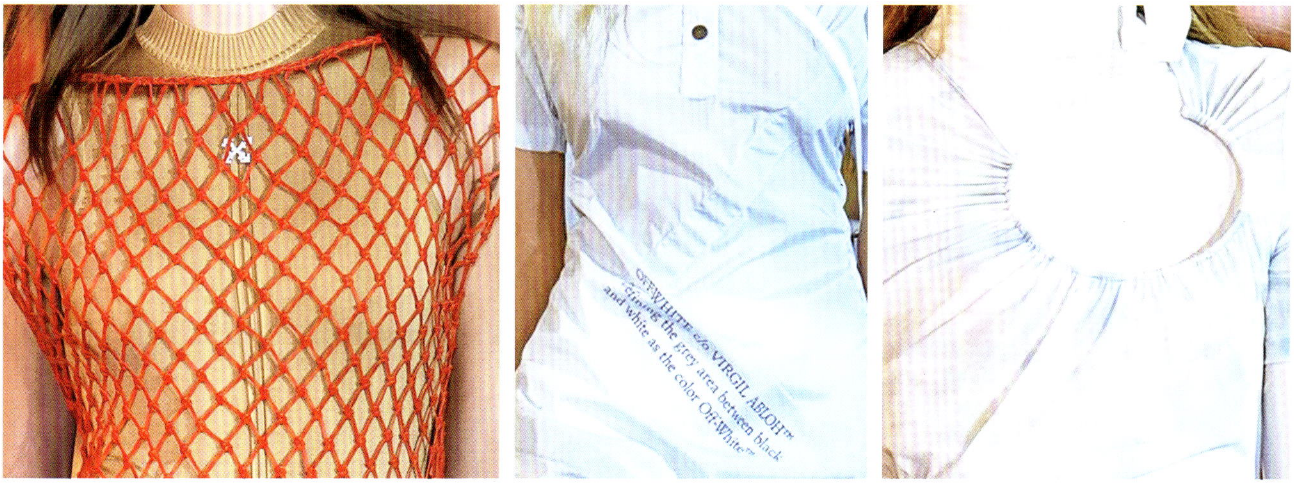

图2-2-12 奥夫华特（Off-White）2021春夏高级成衣

图2-2-13 克里斯汀·迪奥（Christian Dior）2021春夏高级成衣

图2-2-14　中国设计师品牌DONOTTAG 2022秋冬

图2-2-15　中国设计师品牌WMWM成衣系列

面料以及传统的条纹和格子面料居多。

麦丝玛拉（Max Mara）2021秋冬高级成衣大量使用了传统的毛呢、针织、动物毛皮以及格纹面料进行搭配，延续品牌一直以来具有代表性的经典风格（图2-2-16）。

中性风格：随着社会、政治、经济、科学的发展，人类寻求一种毫无矫饰的个性美，性别不再是设计师考虑的全部因素，介于两性中间的中性服装成为街头一道独特的风景。传统衣着规范强调两性角色的扮演。男性需表现出稳健、庄重、力量的阳刚之美；女性则应该带有娴淑、温柔、轻灵的阴柔之美。中性服装以其简约的造型满足女性在社会竞争中的自信，以简约的风格使男性享受时尚的愉悦。

拉夫·西蒙斯（Raf Simons）2021年秋冬高级成衣中将羽绒、针织、毛呢面料进行搭配设计，再辅以宽松简约的服装款式，打造出了无性别风格的时尚服装

图2-2-16　麦丝玛拉（Max Mara ）2021秋冬高级成衣

（图2-2-17）。

混搭风格：混搭风格就是将几种不同风格的衣服搭在一起，并且不会让人觉得很混乱。混搭，是一种时髦，但决不能等同于胡穿乱配的毫无章法。

高田贤三（Kenzo）是由日本设计师高田贤三在法国创立的品牌。他的作品将东方文化的神秘莫测和西方文化的热情活泼结合在一起，缤纷绚丽的色彩将街头时尚休闲风格和前卫运动风格融合于一体，创造出活泼明亮却不失优雅的独特作品。高田贤三2021年秋冬成衣中将毛呢、针织、毛皮、厚重的涂层斜纹以及羽绒面料搭配在一起，多种不同风格面料给高田贤三混搭风格增加了独特的品牌属性（图2-2-18）。

（3）光泽型面料

光泽型面料有很强的装饰性，主要分为丝锻类和亮片类两大类别。这类面料视觉效果华丽、夸张，给人以强烈夺目的视觉冲击。

丝缎类主要为缎纹结构的织物，其中有人造丝锻也有天然丝缎，区别在于人造丝锻的光泽感强烈但生

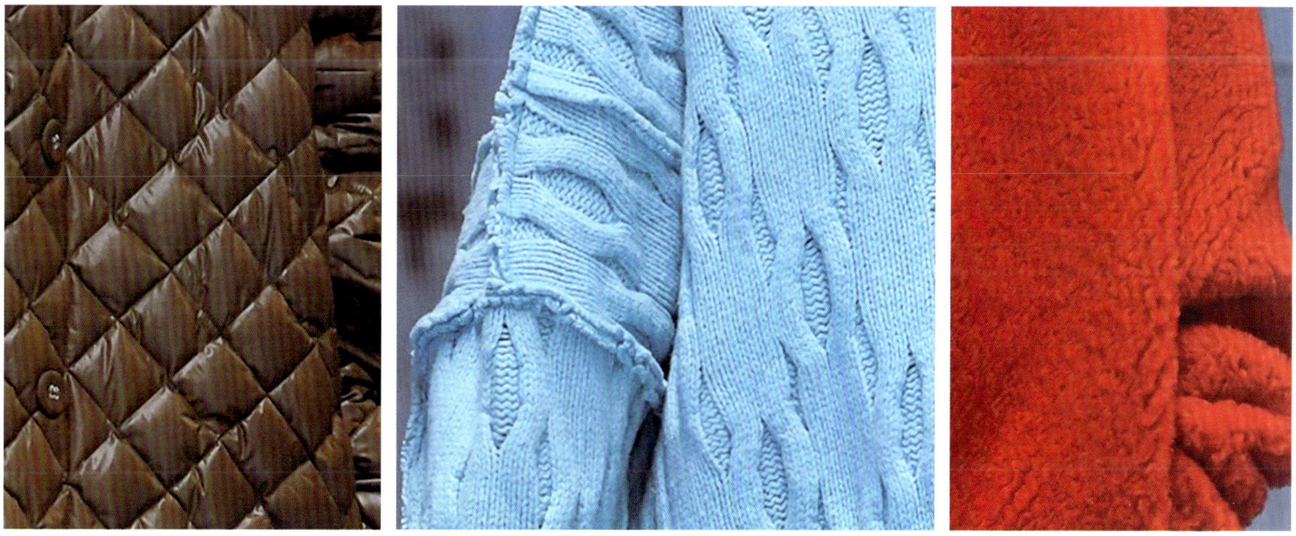

图2-2-17 拉夫·西蒙斯（Raf Simons）2021秋冬高级成衣

图2-2-18 高田贤三（Kenzo）2021秋冬成衣

硬，天然丝缎光泽柔和，细腻高雅。前者适宜舞台服装的制作，后者多用于高档成衣礼服。亮片类面料的结构是底布加上后期缝制的亮片，多由机器加工而成，底布多为结构耐用扎实的化纤面料。亮片类和丝缎类特性上都具有膨胀感，选择服装款式时应以简洁为宜，本身元素已很抢眼，不宜做过多的堆砌和设计（图2-2-19、图2-2-20）。还有部分服装会在原本的面料上加金属色涂层，打造比较前卫的效果。搭配设计方法和其他光泽型面料无异（图2-2-21、图2-2-22）。

浪漫主义风格：浪漫主义风格的关键词是热烈、魅力、瑰丽、夸张、活力。浪漫主义源于19世纪的欧洲，主张摆脱古典主义典雅、端庄的风格，反对艺术上的刻板和僵化，表现出的是激烈而奔放的情感，常用瑰丽的想象和夸张的手法塑造形象，使服装更个性化，更具有生命的活力。

图2-2-19　有光泽感的醋酸面料款式细节

图2-2-20　亮片华丽类面料与基础款式搭配

图2-2-21　炫彩涂层的打底休闲成衣

图2-2-22　金属涂层在针织成衣中的应用

著名设计师亚历山大·麦昆（Alexander McQueen）与约翰·加利亚诺（John Galliano）早期的服装作品都非常具有浪漫主义的风格。他们设计的作品都趋向于柔和圆转的线条，喜欢在历史和民族服装中寻找灵感（图2-2-23、图2-2-24）。

（4）皮草皮革型面料

皮毛类面料是服装面料中历史最悠久的一类，人类从远古时期就开始用兽皮制作服装。皮草皮革型面料包括天然皮革、人造皮革、天然毛皮和人造毛皮四大类。皮草类面料都具有一定的厚度，表面有较长的绒毛，且具有视觉膨胀感，在服装造型的选择上以大方简约的款式为宜，不宜选择结构分割复杂的款式和修身贴身的款式（图2-2-25）。根据皮料的不同，皮革类面料适配的款式也不尽相同。像柔软的小羊皮可以用来制作衬衣、连衣裙等工艺要求比较高的服装造型，而硬挺的牛皮则多用于制作夹克、西装，或在款式上只做部分的拼接（图2-2-26）。

简约风格：简约风格的服装不需要过多的装饰，信奉简约主义的服装设计师擅长做减法。他们把一切多余的东西从服装上拿走。如果第二粒纽扣找不出存在的理由，那他们就做一粒纽扣；如果这一粒纽扣也非必要，那他们说干脆让人穿无扣衫；如果面料本身的肌理已经足够迷人，那他们就不用印花、提花、刺绣；如果穿着者的身材非常匀称，那他们就不会考虑设计多余的廓型，这时，人的体形就是最好的廓型。廓型是设计的第一要素，既要考虑其本身的比例、节奏和平衡，又要考虑与人体的理想形象的协调关系。这种精心设计的廓型常常需要精致的材料来表现。

芬迪每年秋冬的成衣面料中最不可缺少的面料就是毛皮面料，2021年秋冬高级成衣就很好地诠释了这一面料的表现。在成衣设计中单纯使用质量上乘的柔软的毛皮面料和皮革面料进行搭配设计，再配合以简约大气的服装款型结构，使得每一件服装单品都像是一件艺术品，不会随着潮流的改变而过时，值得消费者多年的珍藏（图2-2-27）。

前卫风格：前卫风格的特点是离经叛道、变化万端、无从捉摸而又不拘一格。它超出通常的审美标准，任性不羁，以荒谬怪诞的形式，产生惊世骇俗的效果。莫里戈达德（Molly Goddard）2021春夏高级成衣中以蕾丝雪纺纱作为主要面料元素，搭配针织、牛仔、棉布几种看似毫无联系的面料，再配以各种鲜艳的颜色和印花、格纹、条纹图案，使得完全不同风格的面

图2-2-23　亚历山大·麦昆（Alexander Mcqueen）设计作品

图2-2-24　Dior（迪奥）2004春夏高级定制系列　设计师：约翰·加利亚诺（John Galliano）

图2-2-25　树树彤（Shushutong[1]）2021秋冬皮草外套

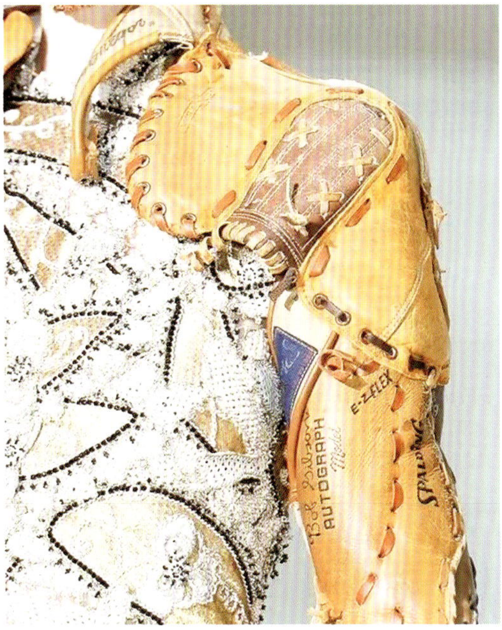

图2-2-26　皮革拼接成衣设计

图2-2-27　芬迪（Fendi）2021年秋冬高级成衣

图2-2-28　莫里戈达德（Molly Goddard）2021春夏高级成衣

① Shushutong 是由蒋雨彤和雷留树于2015年创建的品牌。

料碰撞出与众不同的前卫风格（图2-2-28）。

（5）针织面料

针织面料的特性是伸缩性大、可变化形式多，使用不同支数的纱线，稍微改变一下织法就会有截然不同的造型效果。针织面料的结构特殊，纱线之间有一定空间，所以针织面料做成的服装都具有一定的呼吸感，具有透气能力。根据纱线成分的不同，也形成保暖或凉爽等不同功能。所以针织面料的适应范围非常的广泛，四季衣物都常采用针织面料。

都市风格：都市风格紧贴时尚、角逐流行、简洁大气，追求时尚、活力、自由的精神。埃特罗（Etro）2021秋冬高级成衣紧跟都市风格流行，服装廓型延续了品牌以往简洁经典的感觉，在面料上进行了突破，采用了大量的针织面料作为本季秋冬的主推面料，并配以灯芯绒和毛呢面料，还在针织面料的织法图案搭配上下足了功夫，使得本季的服装充满了时尚混搭的都市风格（图2-2-29）。

波西米亚风格：波西米亚风格的服装是波西米亚精神的产物，但其并不单纯指波西米亚当地人的民族服装，服装的“外貌”也不局限于波西米亚的民族服装和吉普赛风格的服装，而是融合了多民族风格的现代多元文化的产物。其用色是运用撞色取得独特效果，如宝蓝与金啡，中灰与粉红等，比例分配自由不均衡。

针织面料一直是米索尼（Missoni）品牌的主打面料，在2021秋冬高级成衣中，米索尼将针织面料与皮革、毛织、毛呢和雪纺面料进行搭配，以橘色为主要色的撞色条纹搭配，打造了一季具有波西米亚风情的秋冬针织服装（图2-2-30）。

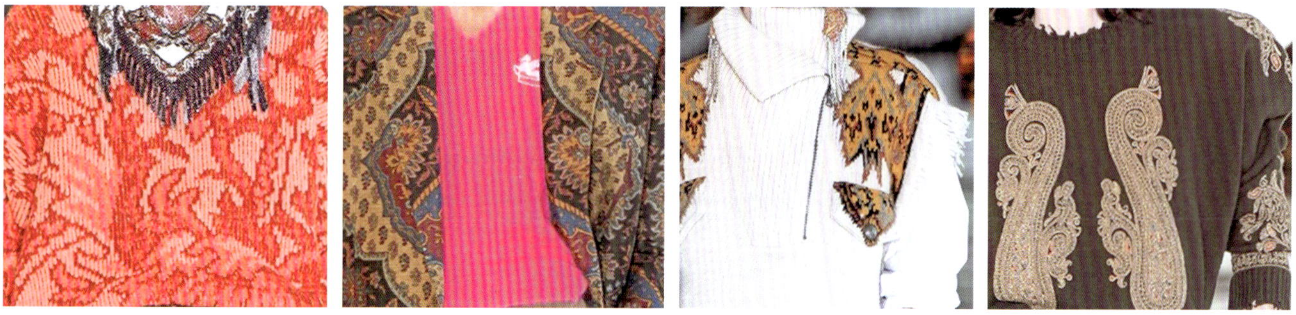

图2-2-29　埃特罗（Etro）2021秋冬高级成衣

图2-2-30　米索尼（Missoni）2021秋冬高级成衣

2. 根据服装款式特点进行设计实践

服装设计三要素中面料与款式（造型）是联系最紧密的两项，服装整体的美观与否很大程度上是由面料和款式的适配度决定的。不同的面料在服装款式造型上具有各自的特性，适配的面料能使普通的款式焕然一新，与精美的版型相得益彰。利用好面料的质感和特性体现服装的款式造型，是服装设计制作环节中尤为重要的一环。

根据服装常见款型的分类来进行选材：

（1）西装

西装制作工艺复杂，需要造型线条清晰而有力量感，所以对面料的韧性、平整度有一定的要求。一般来说，秋冬款使用呢面细洁、毛型感好、抗皱性好的羊毛混纺花呢、纯羊毛、纯羊绒以及柔软有弹性、光泽含蓄的薄型花呢、精纺毛呢等较多，春夏款的选择则比较多样，皮料、亚麻、三醋酸等都可作为西装面料的选择（图2-2-31、图2-2-32）。

图2-2-31　COMPLEMENTAIR · 李海亮 2017秋冬系列

图2-2-32　羊毛与醋酸面料的西装应用

（2）风衣

风衣是集功能性、美观性为一体的服装经典款式，长度较长，一般选用优质棉加少许氨纶的面料，柔软舒适；也可选择薄型凉爽呢面料，集爽、滑、挺、防皱、易洗、快干的特性，符合风衣的功能需求；法兰绒和华达呢则是风衣款式最为经典的面料选择（图2-2-33）。

（3）礼服

礼服适用的穿着场合需要符合一定的礼仪规范要求，不同地域不同文化有一定的区别，相同之处是面料的呈现务必挺拔、高雅、大方。女士礼服多选用塔夫绸、缎、绉、丝毛混织物等面料，抗皱性好、印染饱和度高、垂性好；男士礼服则多选用贡呢、华达呢、驼丝锦、金丝绒等面料，光洁平整，花样清晰，色泽

图2-2-33 华达呢面料在风衣款式上的应用

图2-2-34 塔夫绸、丝毛混织物、华达呢及金丝绒面料在礼服中的应用

均匀（图2-2-34）。

（4）运动装

运动装相对于前几类服装来说更偏向功能性，服用对象包含从事专业体育运动的人群，此外，越来越多的时尚品牌把休闲品牌也注入了运动的元素。运动类服装的用料较为广泛，除比较常见的纯棉、莱卡、针织以外，随着科技的发展，运动装材质还和很多的高科技元素结合，研发出了具有排汗吸湿、抗菌防臭、智能调温的多种新型面料（图2-2-35）。

（5）休闲装

休闲装面料的涵盖范围最广，人们日常生活、通勤、居家都有可能穿着休闲类的服装。不同类别的休闲装选择的面料是有区别的，外套类用涤棉斜纹布、牛仔、纯棉磨毛布、精纺或粗纺呢等；衬衫类用纯棉、莱卡棉、涤棉混纺、涤麻混纺、亚麻等；裙子的选择就更多种多样了，丝、棉、麻、雪纺、人棉、天丝、铜氨、针织等，根据想要达到的服装效果去选择特性适应的面料即可（图2-2-36、图2-2-37）。

图2-2-35　不同类型面料在运动服装上的应用

图2-2-36　麻、丝、涤料在休闲服装上的应用

图2-2-37　针织和牛仔面料在休闲服装中的应用

三、创意型面料与材料的搭配

1. 根据表现效果要求进行搭配

创意型面料表现力强，在服装造型当中通常是最为抢眼的部分，也是造型的亮点所在。使用得当，创意型面料可起到画龙点睛的作用，使用不当则会使服装造型比例失衡、轻重失调或设计重点偏移。相对于不同要求的表现效果，创意型面料在服装款式中出现的比例、复杂程度以及表达方法都有所不同。根据服装设计类型的方向，以下主要从创意类、成衣类和高级定制类对创意型面料的要求进行介绍。

（1）创意型

创意型服装对创意型面料的态度是突出的，强调的。

在此处，创意型面料是单件服装造型的灵魂，是系列服装的融合剂，是最能突出设计师想法的重点所在。在设计创意型服装时，一种方式是把创意面料的使用放在比较显眼的位置，类似于肩部、前胸位，重点突出创意面料的工艺（图2-2-38）。另一种方式是大面积地使用创意型面料，但不能以平铺方式呈现，避免过于厚重，可以穿插或镂空的方式出现（图2-2-39），或以创意型面料去构成某一件单品，例如背心、袖套、围腰等面积不小但又不是主要服装款式的造型，避免厚重的同时突出创意面料的比重也足够（图2-2-40、图2-2-41）。

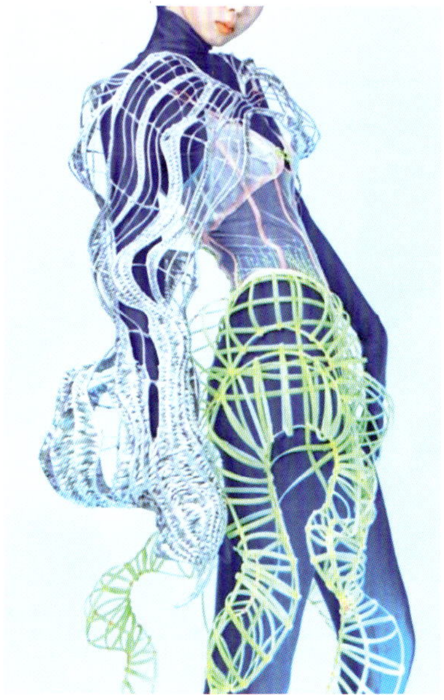

图2-2-38 《漠世》作者：李冉
材料：鱼骨

（2）成衣型

成衣型服装对创意型面料的态度是含蓄的，点到即止的。

在成衣型服装上使用创意型面料的准则是：款式上实穿，细节上有趣。创意型面料在成衣型上是调和剂的角色。成衣型服装由于需要大批量生产，

图2-2-39 《漆木金华》作者：陈紫欣 材料：竹子

图2-2-40 Shie Lyu（悉麓）材料：有机玻璃、橡胶管

图2-2-41 Kasia Kucharska（凯西娅库哈尔金）材料：硅胶

造价成本有限制，工艺上无法达到过于复杂的要求，同时需要顾及消费者日常生活穿着的需要，以上多方面的要求在很大程度上限制了创意型面料出现的面积和分量。成衣型服装在使用创意型面料时多以拼接、细节、配饰等方式出现，作为一个亮点点亮整体服装造型，增加日常款的趣味性，赋予设计感。

吉尔·桑达（Jil Sander）是一个以极简款式、中性色调，一直致力研究做服装设计减法的时装品牌。即使款式造型上一直追求简洁利落，但吉尔·桑达对面料的尝试确是丰富的。从单件上来看，创意面料通过同色系、小面积结构拼接等方式出现；从系列上来看，使用了非常规面料的服装造型以极少的数量出现。不管是从单件还是系列上，这个以实穿为目的，以极简美学为导向的品牌在使用创意型面料方面是极度收敛的，但就是通过这些小小的尝试和不一样的面料气质的融合，使其拥有着精致、高级和丰富的味道（图2-2-42、图2-2-43）。

图2-2-42 吉尔·桑达（Jil Sander）2020秋冬系列

图2-2-43　吉尔·桑达（Jil Sander）2020春夏系列中创意面料在单件服装中以同色系方式出现

2. 根据设计主题进行搭配

主题1——“睫毛和龙虾”

汤姆·布朗（Thom Browne）2022秋季男装系列，设计师设定的主题是“睫毛和龙虾”。模特们戴着假发，手提龙虾皮袋和背包，这场极具挑衅性的超现实主义展示，让人想起1937年埃尔萨·斯基亚帕雷利的大胆连衣裙设计，裤裆处有一个甲壳类动物的图案。布朗的版本更少地依赖这种外骨骼生物的明显双关语——他说，龙虾只是他欢迎进入其动物园的最新动物——而更多地是审视与人打交道的美妙之处。设计师最早创立品牌时为清一色的经典西装套装，极具美式风格。每一季根据设计的主题设定，为经典套装赋予不同的元素，将设计主题通过面料、印花、图案、配饰、工艺和妆容体现出来（图2-2-44）。

主题2——芭蕾舞团

中国的年轻新锐设计师MINGMA的同名品牌MINGMA 2023春夏女装系列的灵感来源于一部极具影响力的俄罗斯芭蕾舞团纪录片。该部纪录片里19世纪初期传统的戏剧性色调给MINGMA带来了别样的心理激荡，他将观影时的内心感受与视觉影像参考代入自己的世界，把从影片中体会到的女性的力量、自信与浪漫，通过时装的方式展现出来。

该系列出现的束身衣和衬裙都在点明芭蕾舞的主题基调，使用了怀旧的服装造型点，但意在表达渴望现代，把过去现成的服装元素和现代的运动感、高级感及街头服饰风格相关联，试图把大众熟知的服装感觉转向小众。他在迷你泡泡裙上加入胸衣的细节，把性感融入甜美；在牛仔面料上加入蕾丝和花朵，使硬朗的牛仔变得柔和甜美。这些女性元素和芭蕾元素贯穿整个系列，但依然保持着MINGMA品牌的甜美系少女的气质，少女的天真浪漫和芭蕾的感性坚韧相互融合着，迸发展现着MINGMA这一季全新的面貌（图2-2-45）。

图2-2-44　汤姆·布朗（Thom Browne）2022早春系列（龙虾提花面料、龙虾针织图案、龙虾手提包，加上模特的夸张假睫毛和鲜明红唇，处处点名设计主题。款式上沿用品牌经典正装造型，基本的造型和搭配框架不变，品牌风格浓厚，主题在细节处反复强调出现，不断统一主题基调。）

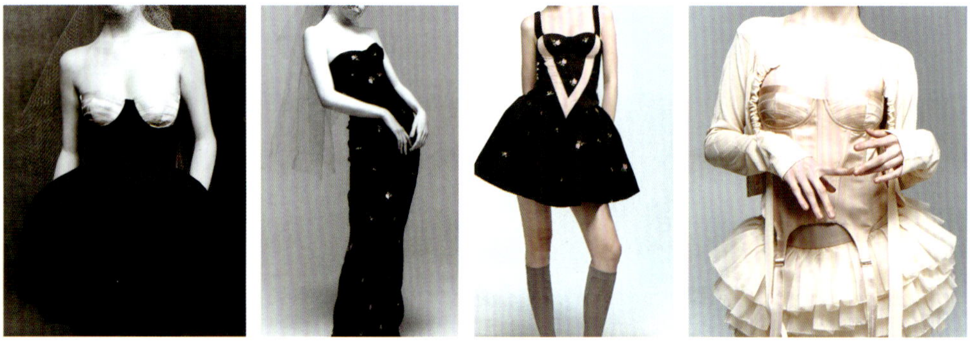

图2-2-45　MINGMA 2023春夏女装系列

第三节　项目实践

一、项目任务

服装品牌产品销售模拟：模拟进行服装品牌卖场的实际销售情况。针对不同情况下（平时/促销活动），面对不同需求、年龄段的客户，通过销售技巧和服装专业知识的介绍，完成销售工作。

二、项目实施

1. 理解项目

该项目是基于服装销售岗位的工作过程进行的项目工作模拟。服装销售是一个综合性要求较高的工作，需要具有服装基础面料知识、服装款型基础知识、服装搭配能力，以及沟通技巧和应变能力，等等。了解顾客的需求，满足顾客的需求，落实品牌促销活动方案，并在此基础上为所工作品牌及公司树立品牌形象，打造良好的购买体验。

2. 产品销售模拟

（1）了解客户需求

首先，在顾客进场后要微笑服务，笑脸相迎，了解顾客进店的需求，如需要什么类型的服装？适用于什么场合？上装、下装还是连体衣？送礼对象的画像是怎样的？

（2）推介介绍

推介介绍的方法：拿货推；成套推；边试边讲。

拿货推——即了解顾客需求的同时在心中分析出推荐的商品组合，迅速找出产品推荐。在顾客需要的范围内，快速拿货。

成套推——即至少上下一套或内外一套。

边试边讲——需要递到顾客手上，多介绍，让顾客多摸多看，并同时给顾客讲解服饰的专业知识。例如，一件带毛领的羽绒服，它的适应场合和风格是什么？毛领是什么材质？是否可拆卸？这件服装的亮点是哪些？以及作为羽绒产品，它的充绒量是多少，保暖性怎样？

边试边讲可用FABE的介绍技巧去实施（图2-3-1）。

（3）连带销售（图2-3-2）

（4）处理异议（图2-3-3）

（5）完成销售

推荐介绍–边试边讲

特征	优点	好处	证明
是指产品所包含的任何客观事实	是指特性带来的用途或效果	是指当顾客使用产品时所感受到的利益	所有可以证明前面产品特性、优点、好处的证据

推荐介绍–边试边讲

产品/版型特征/面料特征/品类	特点	优点	利益	证据
	采用的纯天然新疆棉为原料的贴身内里 采用环保染料，使用世界先进的预缩机进行缩水处理	内里具备纯棉的良好透气性和吸汗的功能 颜色纯正，不易褪色 不易变形，不易缩水	衣服的保鲜度强，穿着时间长 方便穿着，易洗涤易打理	我们有很多老客户购买回去后，反馈都很好，说宝宝本来很多衣服穿着过敏，这个很舒适
	超宽松的裙摆 超A形	穿着宽松舒适 优雅的A形裙型，天真烂漫的童稚趣味	小朋友穿脱方便，打造舒适穿着体验 高腰+大裙摆，典型的优雅文艺童装风格，使小宝宝更显可爱童趣浪漫气息	春节晚会上小朋友表演就是穿着的这个款式

图2-3-1 FABE介绍技巧

销售五步骤—连带销售

第三步 连带销售 多套推

顾客接受了推荐的产品后，需要再搭配其他商品，多套推荐

年龄段	主推商品
0~3个月	内衣+配件（爬爬服、帽子、连体衣、口水巾）
3~6个月	外出连身衣（+背心）+内衣+配件（帽子、口水巾、连体衣、发带）
6个月以上	外出服为主推，原则：内外搭+上下装搭+配件（帽子、围巾、鞋子、口水巾、连体服、爬爬服）
	内衣+配件，原则上下装搭配、配件

图2-3-2 连带销售的方法

销售五步骤—处理异议

第四步 异议处理：顺说转

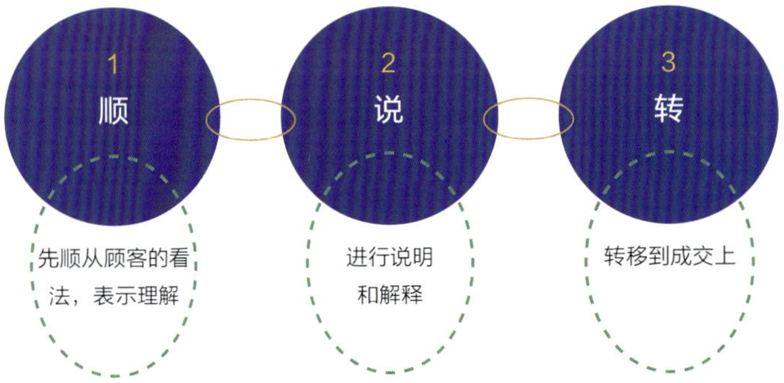

图2-3-3 如何处理故意的异议

3. 小组模拟

项目前准备：自选品牌，提前在网络上查好品牌资料，品牌故事，最新一季产品概念和设计理念，品牌该季的主推产品，是否有明星代言，是否有促销活动，并下载好产品图片以供模拟时使用。

项目实施方式：至少3人一组，轮流扮演顾客和销售人员的角色。顾客的需求、年龄、性格都要作区分，尽量做到标本差异性最大化。

三、相关参考资料

[1] 刘晓刚，崔玉梅. 基础服装设计[M]. 上海：东华大学出版社，2010.
[2] 朱松文，刘静伟. 服装材料学（第5版）[M]. 北京：中国纺织出版社，2015.
[3] 袁仄，等. 服装设计学（第三版）[M]. 北京：中国纺织出版社，2000.
[4] 吕炜玮，佘步颖. 服装面料设计[M]. 杭州：中国美术学院出版社，2019.
[5] 易城. 运动装应用设计[M]. 北京：中国纺织出版社，2019.

第四节　案例赏析

一、品牌案例

1. 悉麓（Shie Lyu）

新锐设计师品牌悉麓（Shie Lyu）非常擅长使用大胆非常规面料和创新手工艺，赋予回收或再利用有缺陷的材料以灵动的生命。该品牌2022春夏系列名为“身体缓冲器Glamour Buffer”，设计师选择回收了许多之前创作时剩下的边角料作为手工改造的材料，通过刺绣、钩针、编织，以及自创手法创作了许多具有实验性质的服装造型，来唤起人们对过度消费的反思（图2-4-1）。

该品牌2021秋冬系列的主题是“半共生”，旨在探讨人体和异材质的半共生关系。所谓“共生关系”是指两种不同生物之间所形成的紧密互利关系（图2-4-2）。在该系列中，设计师使用了有机玻璃、管子、服装废料等进行面料二次设计。管子来源于当地五金店的回收利用，小型拼接肩带来源于剪版所剩下的无用面料，以便尽量提高材料面料的利用率，减少浪费，同时品牌希望消费者可以看到废材的美与存留价值，而非过季即弃。

图2-4-1　悉麓（Shie Lyu）2022春夏系列

图2-4-2　悉麓（Shie Lyu）2021秋冬系列

2. 艾克妮（Acne Studios）

这个来自北欧的时装品牌，以简约实用和不失高级的质感而闻名。除了品牌最为经典的基础款式之外，近年在造型的表达和材质的选择上采用了新鲜的表达方式。在2021春夏女装系列中，所选用的服饰面料会随光线的变化而变化，包括裂纹皮革、珠光棉、金属纤维欧根纱与珠光纸（图2-4-3）。2020春夏成衣以“田园、自然”为关键词，针织、牛仔面料做旧处理，衣缘不包边不锁边，搭配大胆的金属色涂层和细腻的钉珠细节，面料设计丰富，款式造型大块面线条利落，细节与整体的结合相得益彰（图2-4-4）。

艾克妮的服装中也经常有类似真丝、雪纺、乔其纱的面料，这类面料质地轻盈，兼具透气性和舒适性，有较好的垂感，春夏搭配针织，秋冬搭配丝绒、羊毛呢等材质，既有质感又兼具实用性（图2-4-5）。

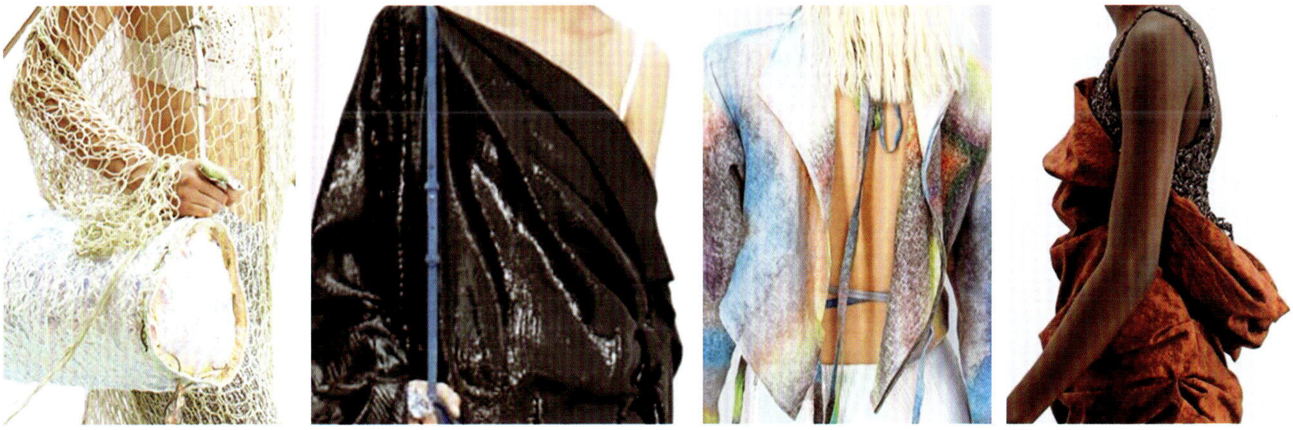

图2-4-3　艾克妮（Acne Studios）2021春夏系列

图2-4-4　艾克妮（Acne Studios）2020春夏成衣

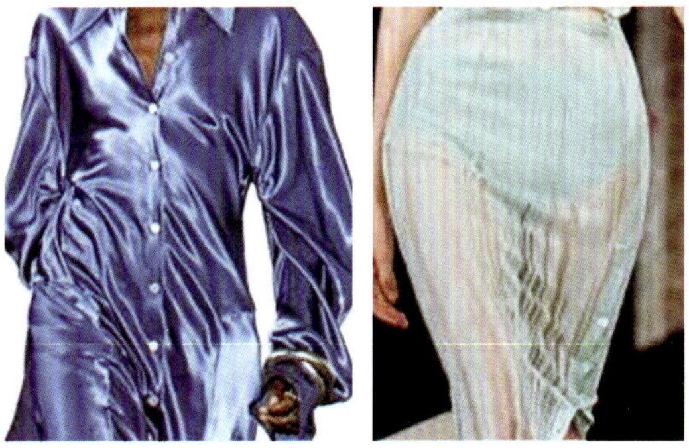

图2-4-5　艾克妮（Acne Studios）2022春夏成衣

二、学生案例

不同肌理面料搭配设计

作品主题：第二生命/作者：陈嘉欣，张援敏（图2-4-6～图2-4-9）

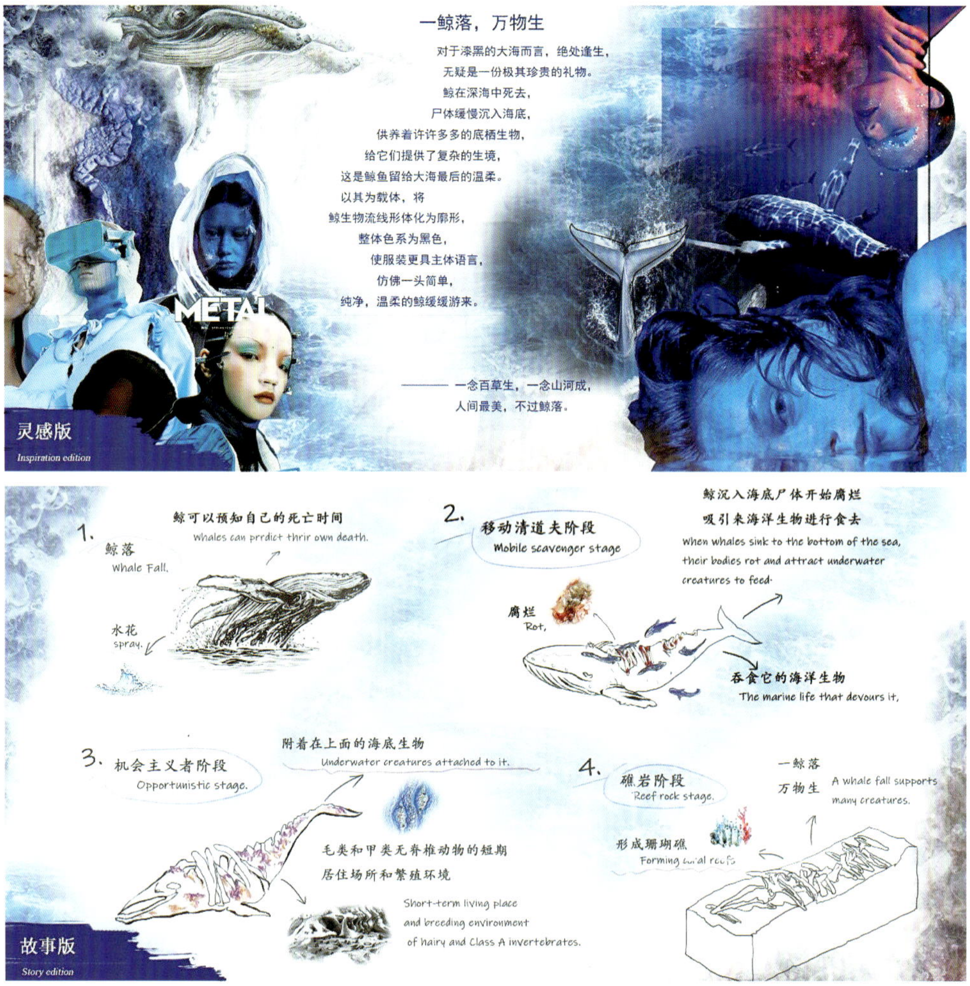

图2-4-6　主题灵感版

图2-4-7　不同肌理面料搭配

图2-4-8　最终设计效果图

图2-4-9　最终成衣展示及面料搭配细节

思政训练项目

以习近平新时代中国特色社会主义思想为指导，以企业真实岗位项目需求为依托。以小组为单位，模拟服装企业设计部工作岗位，小组成员分别担任设计主管、设计师、设计师助理和跟单等岗位角色，合理分配团队成员工作任务，小组合力完成一款新产品的服装设计版单制作。通过项目任务实施，提升学生使命意识、竞争能力和职业复合能力。

第三章

项目实训——面料再造创意设计

第一节　课程概况

一、教学目的

本章教学重点是面料再造的设计与表现，对学生进行设计应用实际能力的培养。学习面料再造与服装设计的内容，使学生拓展能力并逐渐过渡到设计师的角色，为全面培养学生的服装设计能力做良好的知识铺垫。在引导学生的创作思维、培养学生的创意意识的整个过程中，要注意从理论到实践的发展，学生一定要通过训练来掌握一般种类的面料特点及其再造的基本方法，从而进一步进行设计元素的应用。

二、教学目标

①认识材料花色，识别材质的风格特色，懂得材料搭配的审美法则，掌握材料重组再造基本手法。

②能通过材料的材质、花色等分析材料的风格特征；能运用不同材质之间的协调搭配；能创造性地使用面料再造方式。

③培养学生独具慧眼；综合思考各种材料之间的有机配合；发挥创造性。

三、重点与难点

教学重点：认识材料的花色与风格，需要通过大量实物，锻炼学生辨别材料及分析材料的能力。

教学难点：准确辨别材料、准确运用材料基本性能，锻炼学生的辨别材料及分析材料能力，从而创造性地使用各种材料。

四、课时安排

单元课时：8课时/周，4课时/次

五、课前准备

准备材料：与每一节知识内容相应的解析图片；一般种类的面料小样若干；面料再造成型的实物作品若干；典型的面料再造成型过程的操作示范用工具一套；即时的时尚资讯与报道资料。

第二节　基础理论和基本概念

成衣面料再创造，是设计师在很大程度上凭着感官直觉，以现有的知识技能和个人喜好为设计依据，进行观察、研究和分析，通过对面料的纤维、结构、表面肌理以及后整理工艺进行再创造，协调好原有材料与专业设计之间潜在的关系，从而使材料产生新的构成形式、表面肌理及审美情趣的创意活动。

整合多种不同材料进行面料再造运用，服装所表达的感觉既丰富又立体。借助原本平淡无奇的材料使服装增添几多精致、优雅的艺术魅力。例如，在面料上褶皱、染色、刺绣、编织等，不仅增加了面料的装饰效果，又能表现出随性浪漫的幽雅别致（图3-2-1）。

例如，普通的牛仔布经过拼缝、嵌花、正反面互用、特殊砂洗等多种装饰处理，给传统粗犷的牛仔服注入了新颖优雅的元素，赋予全新的风格面貌（图3-2-2）。

服装材料再造在改变面料外观的同时，更大程度地发挥了材质本身的美感。如无纺面料、电子面料、工业用的特种面料等高技术含量的纺织品，是从植物、果实甚至牛奶等提取纤维的合成产物，此外还可以将玻璃、金属、陶瓷、碳等纺织用材料运用于服装中，不仅为现代所提倡的将高新技术、历史风格、工艺技术及传统材料相互融合的设计理念提供了物质基础，更能够为纺织品设计师提供设计研究的新课题和丰富的灵感来源。纪梵希2022秋冬系列轮廓生动，质感极富触觉感。在晚礼服设计中加入了不同硬性材料组合，下摆层叠而灵动，如波浪般的撞击的视觉美感。又如中国设计师品牌Double Fable2022秋冬系列面料设计，也非常有特色（图3-2-3）。

图3-2-1　多种不同方法面料再造的应用

图3-2-2　牛仔面料的二次再造处理

图3-2-3　中国设计师品牌Double Fable2022秋冬系列面料设计
（资料来源于微博@上海时装周）

一、立体设计

1. 变形法

设计特点：

服装的面料变形再造设计是指对材质加以物理外力作用，进行拉伸或挤压，使基本造型元素变形，从而产生具有多种生命力的造型。例如抽纱法、抽褶法或者利用物理变形法等。

服装面料是体现服装艺术美的重要因素，服装面料变形不仅能丰富材质的形态表情，还具有动态的、生动的、表现的审美特点，体现人对美的创造性本能。在服装造型中，需要进行各种各样的面料变形，因为它是服装设计师表达情感、宣扬个性和诠释设计理念的重要载体。

面料的褶皱设计——使用外力对面料进行褶缝、抽缩或挤压、拧转等处理，改变面料的表面肌理形态，使其实现由光滑到粗糙的转变，从而产生强烈的触觉感受（图3-2-4）。

面料的重叠设计——把多层面料叠加、重叠在一起，形成一种重重叠叠又互相渗透、虚实相间的效果，使服装产生层次感、丰满感和重量感。面料的重叠设计在礼服的设计中比较常见，打造出精美丰富的细节感（图3-2-5）。

面料的压拓设计——使用外力对面料进行压印纹理或者图案处理，使面料具有浮雕般的外观（图3-2-6）。

图3-2-4　面料灵感版——褶皱设计　设计主题《绛色》设计师：张梦婷　指导老师：李文娟

图3-2-5　礼服设计中的面料重叠设计手法

图3-2-6　面料的压拓设计应用到不同的成衣款式设计中

2. 绗缝法

设计特点：

绗缝法运用平缝机、绣花机等设备，进行缝线装饰，有填充技法、平面技法等多种形式。用于填充物的外部材料多种多样，或透明以示内部材料的色与质，或不透明仅强调最终构成面料的立体感，使设计有了更大的表达空间。

造型手法及应用：

线型的塑造可呈现规则形状来表达秩序感，也可呈现不规则形状，如粗细变化、内外颜色不同等，以强调韵律感和多变的层次。特别是在同种纯色面料的设计中，加入绗缝的工艺手法可以使得面料拥有丰富的肌理变化和层次感（图3-2-7）。

图3-2-7　废土风时装品牌DE-MOBAZA的SS21
（图片来源于http://news.sohu.com/a/500081553_115837）

3. 钉缀与堆积法

设计特点：

钉缀与堆积造成的褶皱也称为褶饰，是一种生动的面料处理形式。面料堆积的褶皱是使用外力对面料进行缩缝、抽褶或利用高科技手段对褶皱永久性定型而产生的。这种方法能改变面料的肌理形态，使其产生由光滑到粗糙的转变，有强烈的触摸感觉。褶皱的种类很多，有压褶、抽褶、自然垂褶、波浪褶等，形态各异。褶皱材质、工艺、造型、位置等设计手法的不同，会使面料产生不同的美感。可用手缝褶也可机器抽褶处理，以达到装饰的目的。

造型手法及应用：

表面钉缀褶饰是从面料外表面线缝褶饰，钉缀不同的形状与褶皱不同的堆积产生的褶皱效果（图3-2-8）。

反面钉缀褶饰即从面料反面线缝褶饰，一般钉缀格子形状，重复产生褶皱，堆积产生面料表面的褶皱效果，线不裸露在面料外表（图3-2-9）。

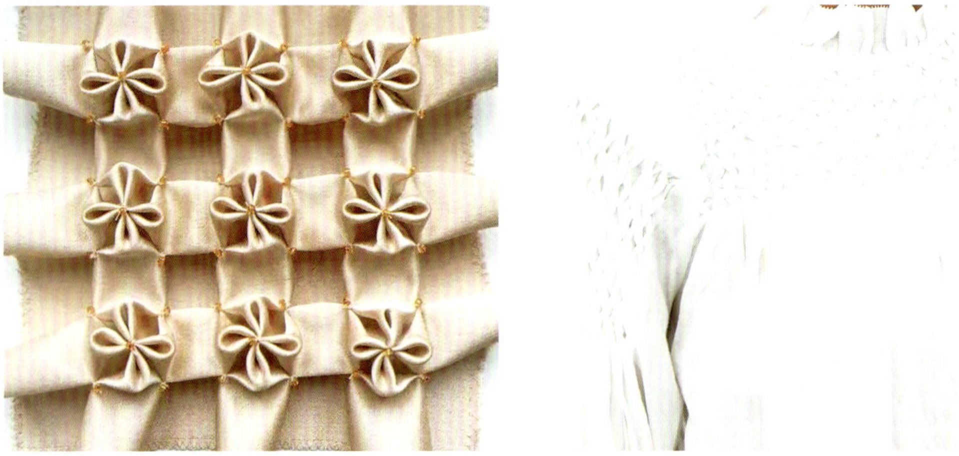

图3-2-8　表面钉缀褶饰

图3-2-9　反面钉缀褶饰

4. 结构法

设计特点：

钩、编、织面料设计总称编织设计或者结构手法，是将不同针法进行增减或者连接，变化出疏密、凸凹的立体效果。利用不同针法的灵活性与特殊效果，使面料纹理产生有规律或无规律的变化，还可以使用不同色彩的绳线编出各种色彩提花纹样，使同一织物表面形成凹凸不平的纹理，从而表现出一定的厚重感和特殊的肌理效果。钩、编、织大多采用针织线材料，手感柔软，穿着舒适，但针织物易脱散，易卷边，设计师通常利用这些特点进行特殊效果的处理（图3-2-10、图3-2-11）。

图3-2-10　有趣的钩针毛线

图3-2-11　创意针织服装设计

二、平面设计

1. 抽纱法

设计特点：

抽纱法，改变原有的外轮廓，虚实相间、精致美观。在原始纱线或织物的基础上，将织物的经纱或纬纱抽去而产生的具有新的构成形式、表现肌理以及审美情趣的特殊效果。

抽纱工艺手工操作相对繁杂。利用该工艺制成的织物具有虚实相同、层次丰富的艺术特色和空透、灵秀的着装效果。

国家级非物质文化遗产——抽纱（潮州抽纱），通过400多种巧妙的针法工艺和繁复精致的设计布局，以刺绣的垫凸和抽通为特点，又以多层镂空和剔透玲珑的空间艺术为特色，巧妙运用多种针法工艺和繁复精致的设计布局，变化出千姿百态、栩栩如生的图案（图3-2-12、图3-2-13）。

图3-2-12　潮州抽纱工艺细节

图3-2-13　潮州抽纱生产过程（资料来源于潮州市抽纱公司档案）

牛仔面料猫须设计是指牛仔面料处理加工后的效果如猫须形状。在牛仔工艺处理中，立体猫须的工艺处理手法如下：退浆磨洗服装（以前也有未退浆服装直接进入下道工序）→喷或擦涂树脂药水（或泡药水→脱水→烘干）→熨斗抓皱（圆猫须为熨筒抓皱）→焗炉→马骝→其他水洗工艺（图3-2-14）。

图3-2-14　创意牛仔设计　设计主题《启程》设计师：冯家仪、钟丽辉　指导老师：李文娟

2. 镂空法

设计特点：

镂空是指在皮、毛及一些机织面料上利用剪纸艺术处理成各种镂空的效果，包括手工、机器、激光剪切等切割方式。其特点为工艺要求细腻精致，图案精美，制作后的成衣十分别致，产品档次相对较高。

造型手法及应用：

在机织（由经纬纱向编织而成的面料）或非机织（没有经纬纱向，如PU皮革或动物皮毛等）面料上，先按设计图效果割划出图形纹样，然后用剪刀、刀片、激光等工具剪切面料，形成虚实相间的镂空形态（图3-2-15）。

图3-2-15　图案设计-激光镂空工艺制作-童装成衣应用　设计主题《方竹》设计师：莫碧芳　指导老师：李文娟

3. 破损法

设计特点：

面料的破损法设计是指通过破坏半成品或成品面料的表面，使其看似不完整、无规律但又具有新意。其中剪切使服装产生飘逸、舒展、通透的效果；撕扯、镂空可使服装打破整体沉闷感，具有通灵剔透的格调。设计师惯用这几种手法来表达设计中的一些反传统服装观念，通常也叫作“朋克元素”设计。

图3-2-16 面料剪切设计增强服装空间层次感

图3-2-17 牛仔面料的撕扯、镂空、做旧设计

造型手法及应用：

剪切（图3-2-16）、撕扯、磨刮、镂空、做旧（图3-2-17）等。

4. 刺绣法

设计特点：

传统刺绣是以彩色丝、棉线在丝织绸缎、绢、纱、棉布等面料上，采用多种针法绣制图案的工艺。

中国四大名绣指的是苏州苏绣、湖南湘绣、广东粤绣、四川蜀绣。刺绣是针线在织物上绣制各种装饰图案的总称。刺绣分丝线刺绣和羽毛刺绣两种。中国的刺绣工艺在秦汉时期便已达到较高水平，是历史上“丝绸之路”运输的重要商品之一。中国四大名绣是中国刺绣的突出代表。

苏绣，是以江苏苏州为中心的刺绣产品的总称，具有图案秀丽、色彩清雅、构思巧妙、针法活泼、绣工细致的独特风格，地方特色十分浓郁。在风格上光线明暗强烈、富有立体感，绣技具有“平、齐、细、密、和、光、顺、匀”的特点，最精美的便是“双面绣”。湘绣，是以湖南长沙为中心的带有鲜明湘楚文化特色的湖南刺绣产品的总称。绣针法以参针为其特色，形象生动逼真、色彩丰富鲜艳，十分强调用色的阴阳浓淡、针法多变、劈线细致。粤绣，广州刺绣和潮州刺绣的总称，用线多样，除丝线、绒线外，也用孔雀羽毛捻缕作线，或用马尾缠绒作线。粤绣用色明快，对比强烈，讲求华丽效果，多用金线作刺绣花纹的轮廓线，装饰花纹繁缛丰满，热闹欢快。蜀绣，又名“川绣”，是中国刺绣传承时间最长的绣种之一。其绣法灵活，适应力强，针法有12大类，130余种之多，是四大名绣最丰富者，同样以其纯熟的工艺和细腻的线条跻身于中国的四大名绣之列（图3-2-18）。

面料再造设计所应用的刺绣工艺，无论是材料的选用还是针法的运用，都比传统工艺更加广泛和自由。刺绣的材料与工具主要有彩色丝线、缎带、珠子、亮片、绣框、绣针以及适用于不同刺绣形式的面料等（图3-2-19）。

图3-2-18　四大名绣

图3-2-19　现代刺绣工艺的不同应用

5. 染色和绘画

设计特点：

染色和绘画是对需要图案装饰的纺织服装材料采用一定的工艺，将染料转移到布上的方法。手工印染包括蜡染、扎染、镂空印花、手绘等方法。通过这些手工艺手法在纺织面料上染印出有一定色牢度的花纹图案，使原本色彩单一、平实的面料变得丰富多彩，花样各异（图3-2-20）。

造型手法及应用：

蜡染，是我国民间传统纺织印染手工艺，古称蜡缬，与绞缬（扎染）、灰缬（镂空印花）、夹缬（夹染）并称为我国古代四大印花技艺。

蜡染是蜡画和染色的合成。由于蜡染是特别的工艺，画蜡后在染色中折叠迸裂，染液便会顺着裂纹渗透形成冰纹。冰纹的出现从浅到深，含蓄神秘，而且每一幅都不尽相同，这就是形成其他印染技术无法实现的图案纹理。

扎染是一种古老的纺织品染色工艺，约有1500年的历史。现存最早的实物是东晋时期的印花绢。扎染在唐代发展到鼎盛时期，贵族穿扎染的服饰成为时尚。北宋时期因扎染制作复杂，耗费大量人工，朝廷曾一度明令禁止，从而导致扎染工艺衰落，以致消失。但西南边陲的少数民族仍保留这一古老的技艺。

扎染是用捆扎、折叠、缠绕、缝线、打结等方法使织物产生防染作用，染色后再拆线结，形成蓝白相间的有多层次晕色效果的花纹布的工艺。扎染也可以有多种色彩的染制，称为彩色扎染，是制作具有田园浪漫情趣风格的家居纺织品和服装服饰品的理想表现手法。

夹染以镂空花板将织物夹住，先涂粉浆，干后再染，然后吹干去浆就能呈现出花纹，图案多为四方连续纹样和适合纹样，如书法字体等。

在现代成衣面料设计中也常常将染色手法和其他面料造型手法结合使用。

图3-2-20　染色+绘画面料再造过程　作品名称《素影》设计师：莫秋媚　指导老师：李文娟

印花工艺是用染料或颜料在纺织物上施印花纹的工艺过程。市面中常见的传统印花工艺有水浆印花工艺、胶浆印花工艺、发泡印花工艺、植绒印花工艺、光敏变色印花工艺、热敏变色印花工艺、荧光印花工艺、拔染印花工艺、油墨印花工艺、烫金印花工艺、厚板印花工艺等。随着科技不断发展逐渐形成了一种集机械、计算机电子信息技术于一体的高新技术产品——数码印花工艺（图3-2-21）。这项技术的出现与不断完善，给纺织印染行业带来了一个全新的概念，其先进的生产原理及手段，给纺织印染带来了一个前所未有的发展机遇。数码印花工艺拥有生产效率高、对花精准、放样时间短、对环境污染小、花型颜色效果还原度高等优点，同时也存在喷印速度慢，墨水成本较高，颜色准确性比传统印花差等缺点。

绘画是以手绘、喷绘等手法设计面料。手绘是指运用一定的工具和染料以手工描绘的方式在织物上进行图案绘制的一种技法。手绘工艺不受机械印染及多种图案套色的局限，方便灵活，是使面料获得外观艺术效果的直接又简便的方法。手绘技法对绘画艺术的功底要求较高，笔墨可以采用写意或工笔，浓淡随意相宜，能很好地表现面料的艺术个性（图3-2-22）。

图3-2-21　波普图案的数码印花服装

图3-2-22　手绘面料再造《层层叠》设计师：陈碧莹
指导老师：刘畅

6. 拼接

设计特点：

拼接是将各种不同颜色的小块布料拼接在一起的一种造型样式的手工艺技法，可以拼接成对称或不对称图案，包括装饰人物和植物、动物等图形，广泛用于服装设计和室内设计等方面。拼接工艺用于面料再造设计能表现出民间独特的朴实装饰纹理，成为现代都市文明和休闲文化的调色板（图3-2-23、图3-2-24、图3-2-25）。

图3-2-23　拼接面料灵感版《拼时代》设计师：万忆琳　指导老师：李文娟

图3-2-24　拼接面料小样《拼时代》设计师：万忆琳　指导老师：李文娟

图3-2-25 拼接面料服装效果图版《拼时代》设计师：万忆琳 指导老师：李文娟

造型手法及应用：

贴补工艺是一种在古老技艺的基础上发展起来的新型艺术，即在一块底布上贴、缝镶上有纹样的布片，以布料的天然纹理和花纹将工笔画用布贴的形式表现出来。

贴补工艺在我国古代的水田衣中就已经出现。水田衣，又名百衲衣，用各色零碎布料拼接而成，因整件衣服织料色彩互相交错形如水田而得名。最早出现于唐朝，流行于明、清两朝。

水田衣出现之初比较注意匀称，各种锦缎织料都事先裁成长方形，然后有规律地编排缝合。后期料子大小不一，形状不同，色彩丰富，形似补丁。水田衣的拼接创作过程是其最初的思维模式，对于现代服装面料的设计有着直接的引导意义（图3-2-26）。

图3-2-26 清代水田衣

贴补工艺是以剪代笔、以布为色进行创作的一种装饰手法，充分利用布的颜色、纹理、质感，通过剪、撕、贴的方法，形成有独特色彩的抽象的造型，具有笔墨不能取代的奇效。贴补工艺用于面料再造设计，能创造出面料的浮雕感，给人新的视觉感受（图3-2-27）。

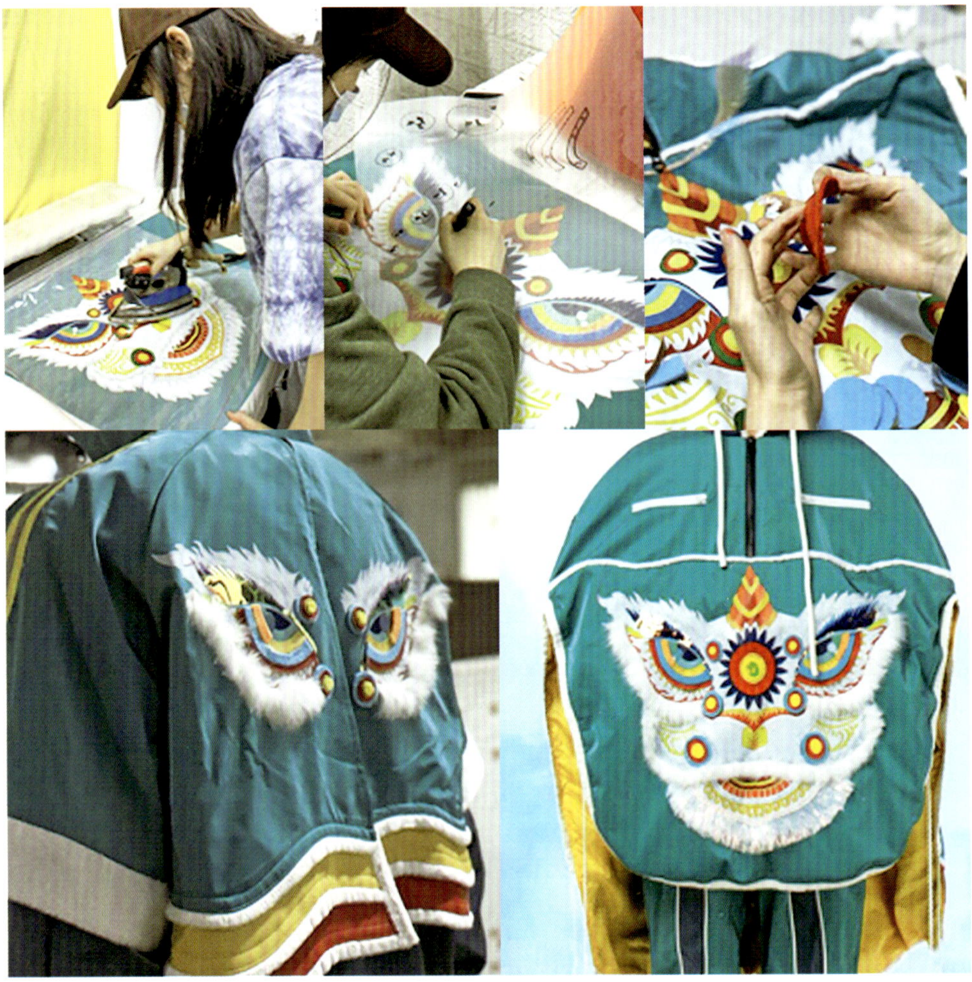

图3-2-27　数码印+拼补效果的面料立体再造设计《黎狮》设计师：李梦兰　李陈燕　指导老师：李文娟

第三节　项目实践

一、项目任务

1. 项目任务一

自拟主题，以立体设计法或平面设计法为主要表现手法的服装面料做再造小样，尺寸不限，并通过AI、PS、Coreldraw等制图软件模拟面料再造在服装局部与整体上的表现。尺寸：20cm×20cm，分辨率不小于72dpi。

2. 项目任务二

以项目任务一设计稿为基础，使用收集的面料小样或者回收的纺织材料进行面料再造小样制作。尺寸：20cm×20cm（图3-3-1）。

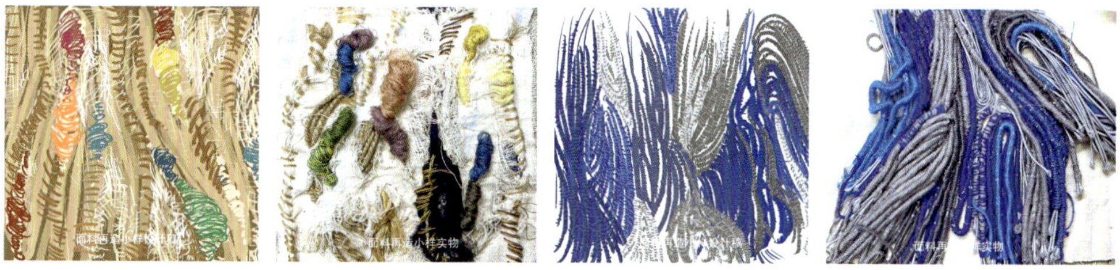

图3-3-1　面料再造学生作业案例

二、项目实施

1. 理解项目

该项目是基于服装设计师的工作过程进行的项目工作模拟。难点在于如何选择主题，要有美感和创新，同时还要具备实际的应用价值和符合当下的流行趋势。

2. 拟定主题

主题的拟定是建立在设计师大量的素材积累之上提取的结果。在前期准备时，设计师应回望近期有所感和有所触及的事物、画面、艺术作品等，从中分析和选取最适宜且能较好展现出效果的主题，并进行二次分析、调研和提取，包括灵感素材、色彩、氛围图、造型特征等，分门别类整理、归纳、提取。

3. 选择表现手法与材质

主题选定后的任务是通过设计的灵感来源去感受具体有所触动的点，是一种感觉、心情、氛围，还是一种具体的造型、画面和色彩。通过追根溯源和提炼，可以确定最终的表现手法是具象表现还是抽象表现。

（1）具象表现

具象表现主要表现为模仿某个具体的造型和形象。许多伟大的设计师艺术作品的灵感都来自自然中存在的形象，如花朵、树木、河流等。例如亚历山大·麦昆在其2001年春夏大秀中以飞蛾和疗养院为灵感来源，用牡蛎壳、珍珠等去模仿疗养院墙面发霉、长微生物的肌理（图3-3-2），用羊毛和丝线做出建筑物上长青苔、植物、花朵还有鸟类的样子（图3-3-3）。

（2）抽象表现

经过大量的资料和灵感收集工作之后，一些感觉会在大脑中留下朦胧的印象，那些真正触动心灵的东西在大浪淘沙之后留存了下来，这些浮光掠影都可成为设计师表达的素材。但不是每一样都可以成为最终的主题选择，需要考虑其各方面的可行性，包括可操作性、可实现性、美观性、延伸性等综合内容，最后再去粗取精地将其通过面料再造的表现手法展现出来。例如中国新锐设计师方妍楠（Susan Fang），受阳光下花朵开放时的绚烂浪漫气氛所感染，将自己脑海中花朵的掠影，通过其独有的“空气编织”手法设计表达出来（图3-3-4）。对于自己作品的介绍，方妍楠表示“当抽象成为意义，当色彩的组合左右了事物呈像，当阴影的移动成为动态，当光的层次给予物体生命”。

图3-3-2 亚历山大·麦昆2001春夏系列

图3-3-3 亚历山大·麦昆设计的2001春夏《疗养院》系列

图3-3-4　方妍楠（Susan Fang）2019春夏系列

三、相关参考资料

［1］ 朱松文，刘静伟．服装材料学（第5版）［M］．北京：中国纺织出版社，2015．

［2］ 袁仄，等．服装设计学（第三版）［M］．北京：中国纺织出版社，2000．

［3］ 吕炜玮，佘步颖．服装面料设计［M］．杭州：中国美术学院出版社，2019．

第四节　案例赏析

中国设计师品牌 Feng Chen Wang 2020秋冬系列灵感源于设计师王逢陈在家乡武夷山的一次旅途经历，在破晓时分登顶的她，沐浴在冉冉升起的暖阳之中，而攀登的过程恰如其创立品牌至今的心路历程。

2020秋冬系列使用的色彩，从较为深邃冷淡的冰灰以及雅蓝，到温暖明亮的火红，受到了武夷山破晓时分壮美景观的启发。与此同时，破晓的主题也通过面料不同的图案有所反映。设计师将中医药理中的针灸和药材元素融入系列，单品中用于印染的色素是萃取于福建当地的中医药材，在将可持续发展元素带入面料设计中，面料中深浅不一的图案，勾勒出武夷山的一景，带着中国山水画作的独到神韵输出着东方文化。设计师希望通过系列提醒人们，纵使未知的前路充满艰险，希望却总会在破晓之时。

图3-4-1　中国设计师品牌Feng Chen Wang 2020秋冬系列面料设计
（图片来源于http://www.mhtrends.com.cn/news/20200107/81260.html）

思政训练项目

以中国古代水田衣服装为创作灵感来源，搜集历史文献资料，模仿其不同面料拼接的工艺手法，为博物馆设计开发一组文创产品。

第四章

项目实训——主题面料创意设计

第一节　课程概况

一、教学目的

在常规成衣面料认知教学的基础上，结合国际面料以及品牌面料流行趋势，结合市场成衣面料的使用方式，使用理论分析与实践设计同步进行的教学方式，要求学生学会在市场流行趋势的指导下进行多种材质的搭配组合，并能在了解材料的基础上进行主题创意面料再造设计。

二、教学目标

1. 知识目标

①成衣面料的风格特征。

②市场成衣面料流行趋势。

③主题创意设计的构思方法。

④面料主题创意再造的基本技法。

2. 能力目标

①基本市场调研的能力。

②正确分析面料主题风格元素特征的能力。

③安排创意设计程序的能力。

④把握流行趋势的能力。

⑤创意使用面料进行二次再造的能力。

3. 情感目标

①理解品牌成衣面料风格的内涵。

②具有良好的时尚敏感度。

③发挥独特的创造性进行设计。

④深入体会专业学习与市场工作的联系性。

三、重点与难点

教学重点：面料主题创意再造的基本技法。

教学难点：主题创意设计的构思方法。

四、课时安排

单元课时：20课时，4课时/次

第二节　基础理论与基本概念

一、成衣面料创意设计基本步骤（图4-2-1）

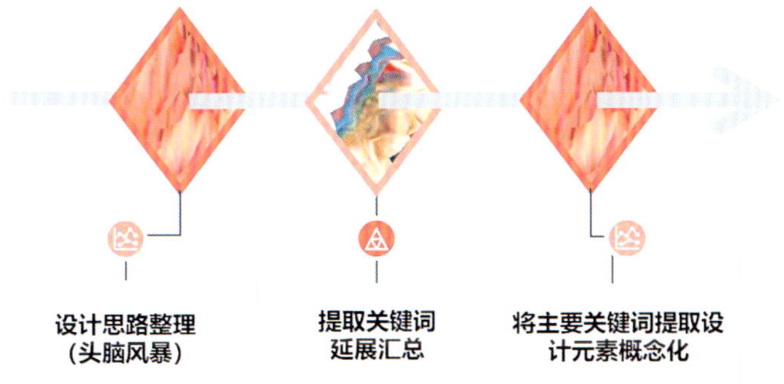

图4-2-1　现代纺织面料再造设计前期设计基本步骤

1. 确定设计方向，建立思维导图

思维导图是人进行思考的导游图，是在头脑中进行信息相互组合的导向图。思维导图的绘制过程实际就是发散的思考过程，是围绕思考的核心问题将自己头脑中已有知识和新的知识进行重新认知和组合的过程（图4-2-2）。

图4-2-2　思维导图《中国式传递者》设计者：魏梓奇　指导老师：李文娟

2. 提取关键词，确定主题

提取关键词延展汇总，创意主题确定与表现，信息收集与分析（图4-2-3）。

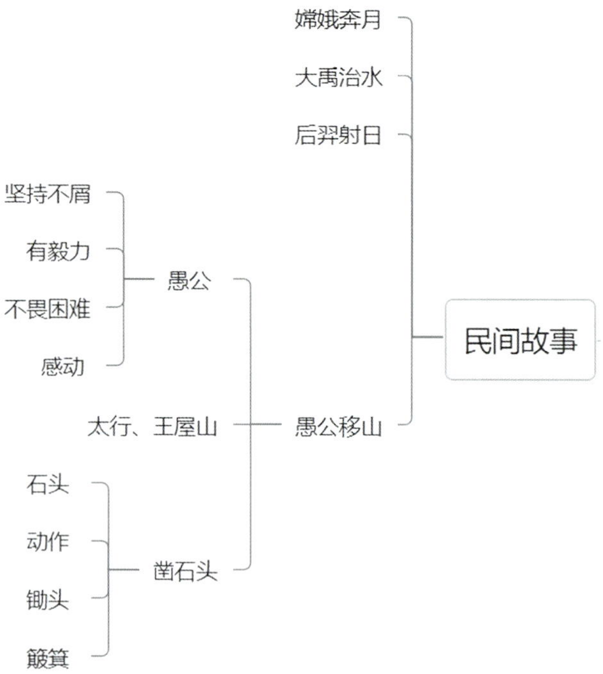

图4-2-3 思维导图——提取关键词《中国式传递者》设计者：魏梓奇 指导老师：李文娟

3. 找到设计元素

联想，捕捉创作灵感，将主要关键词提取设计元素概念化。将这些概念化的元素转化为纺织面料设计的材质、肌理、色彩、图案等，完善构思，并以草图表现（图4-2-4）。

图4-2-4 设计灵感版《中国式传递者》设计者：魏梓奇 指导老师：李文娟

二、设计创新能力的训练

1. 知识积累

纺织面料设计是隶属于纺织服装的一门综合性的边缘学科，涉及美学、材料学、人体工程学、市场学、色彩学等。这要求设计师不断学习，拓宽知识面，积累各个层面的文化知识，经过梳理、提炼和升华，转化为创意。

知识的积累来源于很多方面，例如去美术馆欣赏艺术佳作；看一部有意义的电影，学习电影中的艺术手法；用相机拍下生活中的时尚服装搭配；认识不同的服装面料，观察服装面料风格、购买人群等。

但是对于纺织面料而言最重要的就是需要掌握基本的面料知识，比如面料的服用性能、风格特征以及应用效果等，能够区分面料的种类，包括棉、毛、丝、麻、化纤、裘皮面料及辅料等，另外面料再造设计的基本方法也是需要掌握的一个重要知识内容。

图4-2-5 观察力训练步骤图

2. 观察力训练

观察力是一种受思维影响的，有意识、有目的、有组织的知觉能力。

观察步骤：由整体—局部—细节，再到细节—局部—整体，进行有层次、有顺序、有计划的系统观察，抓住事物的本质和特点，寻找这一事物与其他事物间的联系和区别（图4-2-5）。

3. 想象力训练

发挥想象力的过程是人在已有形象的基础上，在头脑中创造出新形象的过程。想象力也是在头脑中创造一个念头或思想画面的能力。

训练想象力的具体方法包括：

首先，要善于观察生活，在生活中寻找想象的素材，培养想象意识；

其次，需要丰富知识维度，扩充知识积累，为想象成为现实打下基础；

最后，还需要进行有意识的观察、训练，培养个人兴趣。

出生于罗马尼亚的女装设计师 Ancuta Sarca，为了将可持续性、运动服饰和奢华风格结合在一起，充分发挥自己的想象，运用一系列的对比和并存，比如女性气质和男性气质，过去和现在，运动服饰和奢华风格。她尝试使用滞销运动鞋进行创作，挑战运动鞋的极限，通过赋予奢侈感让它们重获新生。自2019年首次推出升级版混搭高跟鞋以来，销量持续飙升（图4-2-6）。

图4-2-6 创意服饰品设计运动风格高跟鞋

（资料来源于http://www.vogue.com.cn/fashion/designer/news_18246e297bd-794ed.html）

三、设计流行元素的搜集

1. 流行预测概念

流行趋势，运用一定的方法，根据一定的资料，对相关内容未来的发展趋势进行科学和理性的判断与推断。

它是在对上一个季度、上一年或长期的经济、生活观念等进行专业评估的基础上，对今后一段时间内的流行现象作出有根据的预见性评价。

在一定的产业范围内，流行预测是由专门的流行预测机构（比如流行研究中心、服装行业协会等）、企业内的企划部和流行分析专家等发布的。

世界权威组织流行预测机构和我国流行趋势研究机构，每年都会发布18个月的主题趋势预测，主要有色彩、织物、风格、款式方面的新主题。

中国流行趋势的发布机构是中国流行色协会，其重要的宗旨就是要推广和普及科学运用色彩。中国流行色协会作为国际流行色委员会的成员，每年代表中国参与国际流行色委员会的活动，与意大利、法国、英国等17个成员国的专家一起，研究未来两季的流行趋势，一般是提前一年半进行色彩预测。

中国流行色协会通过与国际上一些先进的纤维公司、纱线公司、咨询服务公司的合作，获得国际上流行趋势的资料，再根据中国的市场特点和产业状况进行研究、分析和预测，推出中国的流行趋势（图4-2-7、图4-2-8）。

图4-2-7　中国流行色协会官网

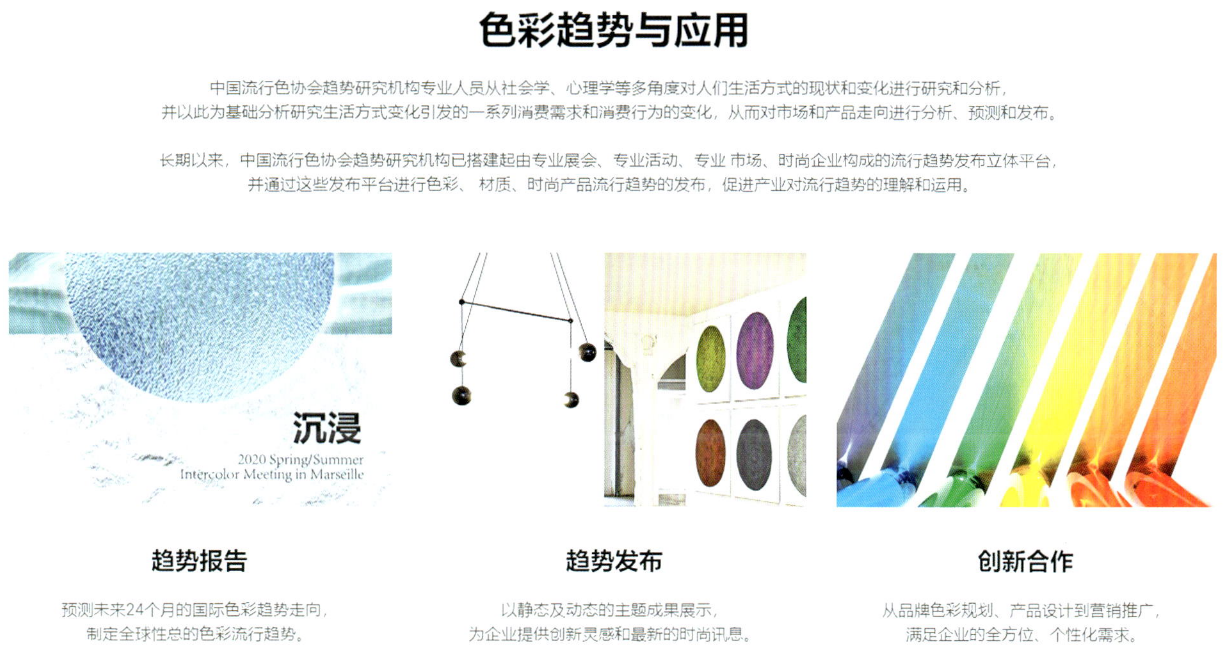

图4-2-8　中国流行色协会——色彩趋势与应用

2. 流行预测的类型

（1）按照预测时间的长短划分

长期预测多指一年以上的预测（图4-2-9）。

国际流行色协会发表的流行色比销售期提前24个月。

《国际色彩权威》杂志每年发布早于销售期21个月的色彩预测。

短期预测

短期预测指一年内的预测（图4-2-10）。

时装中心的服装展示会，包括各服装企业举办的流行趋势发布和订货会以及大型商场的零售预测。

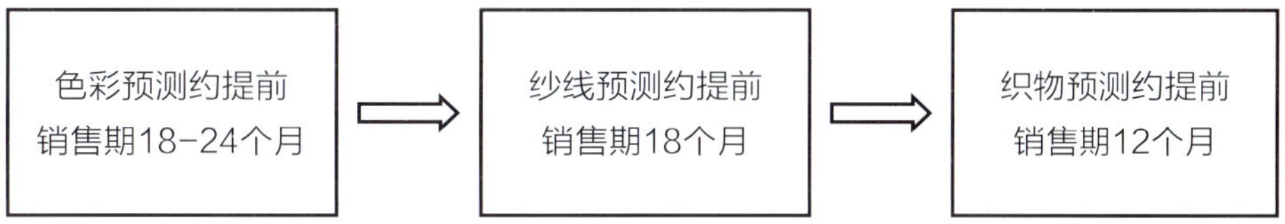

图4-2-9　长期预测

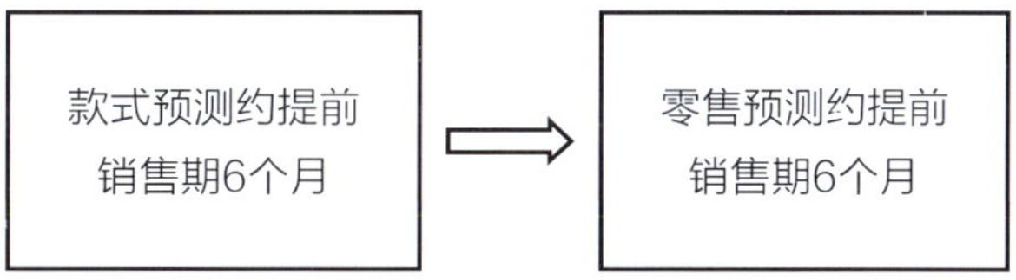

图4-2-10　短期预测

（2）按照预测范围的大小划分

宏观预测

宏观预测是大范围的综合性预测，新一类预测对同一地区内的所有商家都具有指导意义。如：国际流行色协会的色彩预测、中国流行色协会的色彩预测等。

微观预测

微观预测是具体到不同服装产品类型的预测。如：内衣产品色彩预测、西装产品面料预测等。

3. 流行预测报告内容

（1）确定流行面料的细节与风格

面料的流行从纤维、织法、手感、重量、花样、后处理等方面进行变化。

（2）观察共同特征

要不断地发问，新一季的流行特色在哪方面，是颜色、面料、款式、某个特征、价格或是一个新的流行理念，指出系列流行趋势灵感版中常见的共同特色。

（3）根源分析

除了了解流行的信息外，还应了解促发这个流行趋势的动机是什么，跟大的社会环境、经济环境和生活环境是否有一定的因果关系。

（4）信息编辑

必须梳理国内外的系列流行趋势，努力找出市场上最有爆发力的创新点。

（5）主题陈述

主题是对流行趋势的预测描述；主题概念是对即将进行的设计方向的描述（图4-2-11~图4-2-13）。

图4-2-11　2019-2020秋冬中国纺织面料流行趋势之一“创　无恒”（主题）

图4-2-12　2019-2020秋冬中国纺织面料流行趋势之一“创　无恒”（面料）

图4-2-13　2019-2020秋冬中国纺织面料流行趋势之一“创　无恒”（色彩）

4. 流行资讯获取的多种途径

（1）设计师时装发布会（DESIGNERS COLLECTION）

世界上最著名的设计师时装发布周以巴黎、米兰、伦敦、纽约、马德里、东京六座城市为代表，其中以巴黎时装周最有影响力。

四大国际时装周分别在美国纽约、英国伦敦、意大利米兰和法国巴黎于每年的春夏（9、10月上旬）和秋冬（2、3月）举行，每年的时装周是大部分国际大牌集中发布新品的秀场合集，也是下一年流行的重要风向标（图4-2-14）。

每一个时装周都有自己偏重的时装风格：

巴黎时装周——经典；

纽约时装周——休闲运动；

伦敦时装周——先锋前卫（四大时装周中最年轻的时装周）；

米兰时装周——时髦。

图4-2-14 时尚杂志VOGUE官网时装周的专题页面

（2）时尚媒体

①国内外部分重要专业报刊

网站：《服饰与美容VOGUE》《观潮》《YOKA》《海报网》《BOF时装商业报道》等。

杂志：《时尚芭莎》《服饰与美容VOGUE》《嘉人》《ELLE》《时尚COSMO》《服装设计师》等。

②国内外其他媒体

除了平面媒体外，还有众多便利的传播方式。例如，电视媒体，法国著名的时装频道Fashion TV全天滚动播出最新的时尚发布；网络媒体，集及时性、多媒体格式、可收集性、可通信性等多种优势于一身（图4-2-15）。

图4-2-15　丰富多样的时尚媒体资源

四、对流行元素的应用

1. 筛选

并非所有的流行元素都可以用在一个设计作品中，因此设计师要有强烈的设计意愿，根据所需设计主线进行流行元素的挑选。

2. 消化

筛选出来的流行元素，也不能毫不修改地照搬到自己的设计中。因为纺织面料的产品只针对特定的消费群体，所以对选出来的流行元素，应加以分解、重组，以符合本设计风格以及目标消费者的品位。

3. 创新

通过对流行元素的筛选、消化和吸收，才华横溢的设计师有可能创造出新的设计元素。这种设计元素可以由现有的流行元素转化而来，也有可能表面上与流行元素毫不相干但是内涵核心与之有着千丝万缕的联系，甚至有可能引发新的潮流。

设计作品《上善若水》以“上善若水，夫唯不争”引出中式沉静美的表达，在作品面料设计中将非遗传统掐丝珐琅技艺与流沙绘图、钉珠绣等传统手工技艺相结合，打造出属于新中式的特色风格面料设计（图4-2-16~图4-2-18）。

图4-2-16　设计主题灵感版《上善若水》设计者：李嘉嘉　黄楚华　指导老师：李文娟

图4-2-17　设计面料灵感版《上善若水》设计者：李嘉嘉　黄楚华　指导老师：李文娟

图4-2-18　设计色彩灵感版《上善若水》设计者：李嘉嘉　黄楚华　指导老师：李文娟

五、纺织面料设计思维

1. 常规设计思维

正向思维，即直接发现问题，根据问题的焦点从正面甚至是表面上直接寻找解决问题的办法。正向思维也是设计中最常用的思维方式，按照惯常的模式进行设计，中规中矩。

2. 联想设计思维

由惯性思维在长期知识积累的基础上留下模仿和继承的痕迹。所见所闻越多，联想就越丰富，就越能获得突破性、创造性的设计。

①相似联想（图4-2-19）

图4-2-19　北极熊形象——海澜之家品牌男士北极熊活力印花圆领短袖T恤

②对比联想（图4-2-20）

图4-2-20　保护海洋公益海报设计

③接近联想（图4-2-21）

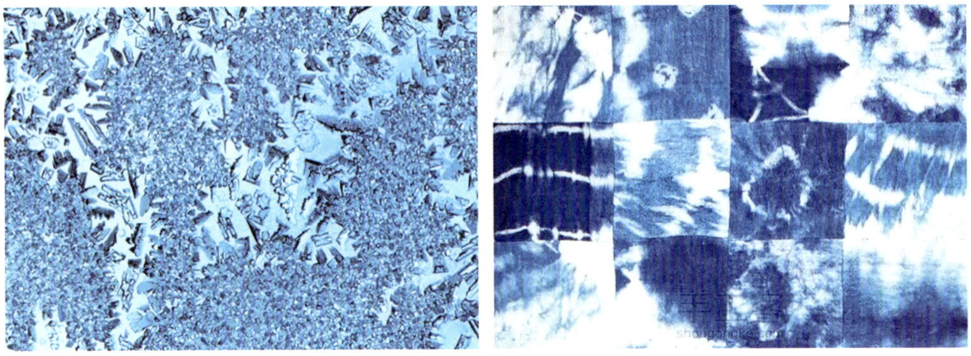

图4-2-21　冰川肌理——植物染色面料

3. 无理设计思维

无理设计思维是故意打破思维的合理性而进行一些不太合理的思考，从不合理中寻找灵感，发现突破口，再从中整理出合理的部分，将设计没有道理地进行组合创新，使人产生不正确的视觉印象，或者使得设计变得有趣味性（图4-2-22）。

图4-2-22　泳装印花图案设计《致幻宇宙》设计师：黄纪莹　梁琼丹　指导老师：李文娟

4. 逆向设计思维

逆向设计思维，即从违反常规的角度观察问题，求得解决问题的思维方法。

逆 ←→ 传统习惯模式 ←→ 反

服装面料设计中的逆向设计思维，可以在材料选择、色彩配置、制作工艺、搭配形式等多个方面开展。如红色与绿色搭配，柔软材料与硬挺材料搭配，精细手工与粗犷工艺搭配等（图4-2-23）。

图4-2-23　面料色彩搭配设计《印衣》　设计师：聂伟林　吴子建　指导教师：刘畅

六、主题面料设计灵感来源

1. 何谓灵感

灵感是借助直觉和潜意识活动而实现的认知和创造。

2. 灵感与设计行业

重视灵感是设计工作的特性：设计的价值在于创新和满足。

服装与服装面料作为设计的特殊领域，“喜新厌旧”的特性尤为突出。

换个角度思考设计也促进了时尚产业不断地更新换代。

3. 寻找灵感

来自服装领域的灵感：古代服饰、民族服饰、戏剧服饰。

来自自然界的灵感：自然环境、织物、动物、人物等。

来自姐妹艺术领域的灵感：建筑、绘画、音乐、电影、文学等。

来自生活片段的灵感：旅游、游戏、恋爱、历史事件等（图4-2-24）。

4. 寻找属于品牌的特定灵感

每一个服装品牌都有自己特定的品牌内涵，设计师即使面对同样的灵感妙思，也必须设计出不同的作品，以符合不同的品牌风格（图4-2-25）。

图4-2-24　设计灵感来源

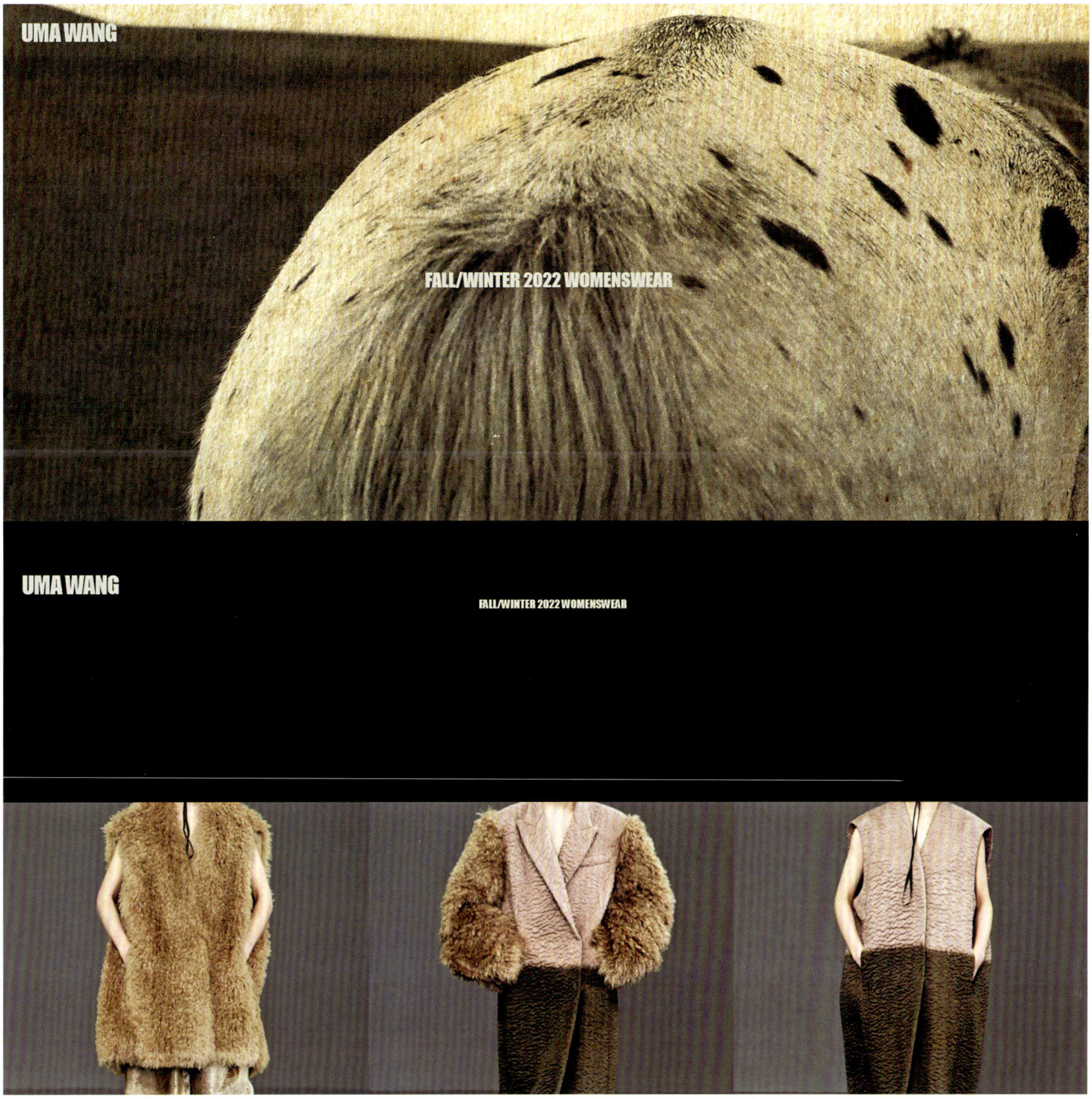

图4-2-25　王汁（Uma Wang）2021春夏女装灵感版以及成衣效果展示

七、主题面料设计基础知识

1. 何谓主题

广义的主题包括文字概念、色彩概念、面料概念、款式概念等。狭义的主题仅指文字部分。

主题的确立是设计作品成功的重要元素之一。设计的艺术性、审美性以及实用性，通过主题的确立充分体现出来，同时主题的确立又能反映出时代气息、社会风尚、流行风潮以及艺术倾向。

2. 主题概念版的内容

主题一般借助概念版来进一步表达，通过细致的文字和各种相关的图片来解释主题概念。

3. 主题设计的过程

（1）文字概念

文字概念是一个主题和概念，是对一种题目和概念以及一种设计风格和设计思路的概括。这样一个题目和设计概念可以引发一个故事，来丰富产品内涵，吸引顾客（图4-2-26）。

确定风格，通过风格联想确定关键词，将各种有意义的关键词进行混搭、颠倒顺序，展开联想，创作故事主题。

（2）色彩概念

色彩概念是指最能表达主题概念的一组色彩，而非单个色彩（图4-2-27）。

单季色彩形象流行色与品牌色彩风格：品牌的色彩策略与流行色有着密切的关系。

流行色：是指在一个季节中最受消费者喜爱、使用最多的颜色。流行色通过国际羊毛局、国际流行色协会对色彩进行分析并有计划地制定发布出来。

季度间的色彩形象延续与变化：每个季度的色彩形象都会受到本年度和前一年季节色彩形象的影响。

（3）面料概念

面料概念是指最能表达主题概念的面料组合，呈现出的是产品的整个色彩和质感风格（图4-2-28）。

图4-2-26 文字主题概念版《枯荣》 设计师：黄晨露 黄秋月 指导老师：李文娟

图4-2-27　色彩概念版《枯荣》 设计师：黄晨露　黄秋月　指导老师：李文娟

图4-2-28　面料概念版《枯荣》 设计师：黄晨露　黄秋月　指导老师：李文娟

第三节　项目实践

一、项目任务

1. 项目任务一

小组市场调研：通过线上和线下结合的品牌市场调研方式，了解市场中某一品牌的指定品牌背景与设计风格，收集该品牌最新季度系列设计的主题以及主要面料资料并进行汇总分析，小组制作PPT汇报调研结果。

2. 项目任务二

品牌项目模拟设计：模拟进行品牌系列面料主题创意设计，自拟设计主题，进行面料主题设计。要求完成品牌主题灵感版、色彩灵感版、面料灵感版以及创意面料再造设计小样，并将其应用到成衣上。

二、项目实施

1. 理解项目

该项目是基于服装设计师的工作过程进行的项目工作模拟（图4-3-1、图4-3-2）。

1	2	3	4
进行市场调查，了解本企业服装成衣产品销售动态，了解穿着对象的生活状态与消费心理，及时开发应市产品	了解成衣面料性能、风格、特色及价格，能准确、敏锐地运用现代最新潮流的成衣辅料，掌握成本基数，选定适时合理的款式定位	协助设计总监制定当季和下一季度的系列产品开发计划，收集和制定面料、辅料、色彩开发方案和确定产品风格，并按照新产品开发程序填写报告单	建立设计及相关资料的档案，保管好相关成衣面料款式等资料。定期参加企业员工的专业知识培训工作
01	02	03	04

图4-3-1　服装设计师主要工作

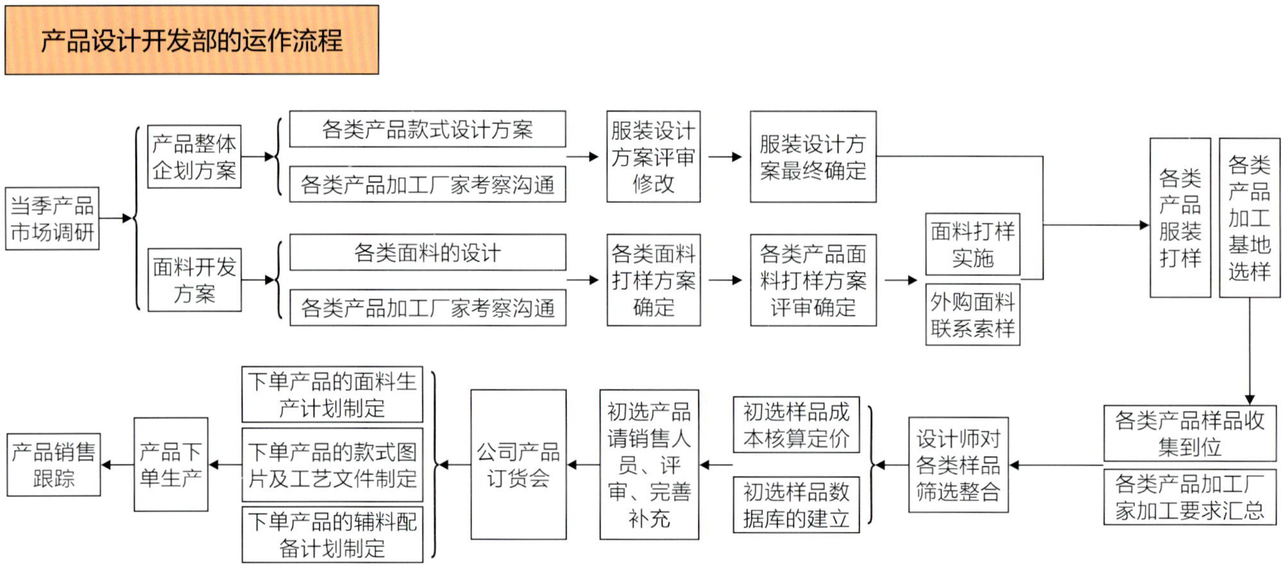

图4-3-2　成衣产品设计开发部的运作流程

2. 市场调研

（1）市场调研的目的

了解设计竞争环境，寻找市场需求，了解消费者需求。市场调研是新产品设计产生的必由之路。

（2）市场调研的主要作用

了解品牌服装现状，提供市场决策依据；了解对手品牌实情，及时调整经营手段；检讨品牌市场地位，制定长远发展战略；熟悉市场营销环节，增长运作感性知识。

（3）市场调研的方法

市场调研的方法包括观察法、调查法、侦测法、资料调研法。

（4）市场调研的内容

市场调研可以包含：消费需求调研、竞争调研、合作环境调研等宏观调研。

初期的市场调研可以进行指定品牌调研，比如指定品牌进行品牌风格调研，了解品牌背景与设计风格，加上实地市场调研，了解品牌当季产品的面料色彩、质地、工艺以及产品畅销款式等。

3. 资料收集

资料汇总—数据处理与分析—撰写市场调研报告—讨论、总结、反馈。

4. 小组汇报

（1）市场调研分析

对调研品牌进行风格特点，当季产品的面料种类、色彩、质地、工艺以及畅销产品款式面料特点分析总结。

（2）项目模拟设计

自拟设计主题进行主题创意面料设计，创作与主题相关的主题概念灵感版、面料概念灵感版以及色彩概念灵感版。

（3）面料小样制作

利用之前在面料市场收集的面料小样，结合所学面料再造知识，根据创意设计主题要求，制作一张20cm×20cm大小的创意面料小样。

（4）样衣应用

根据所学知识，设计一款成衣，将创意面料小样应用到成衣合适的位置中。

三、相关参考资料

［1］ 陈丽华．服装材料［M］．北京：中国纺织出版社，2018.

［2］ 杨颐．服装创意面料设计（第二版）［M］．上海：东华大学出版社，2015.

［3］ 吕炜玮，佘步颖．服装面料设计［M］．杭州：中国美术学院出版社，2019.

［4］ 马克·阿特金森．时装系列设计拓展与创意［M］．于杨，译．北京：中国青年出版社，2013.

第四节 案例赏析

主题面料设计方案一——《中国式传递者》(图4-4-1~图4-4-8)

设计师：魏梓琪 指导教师：李文娟

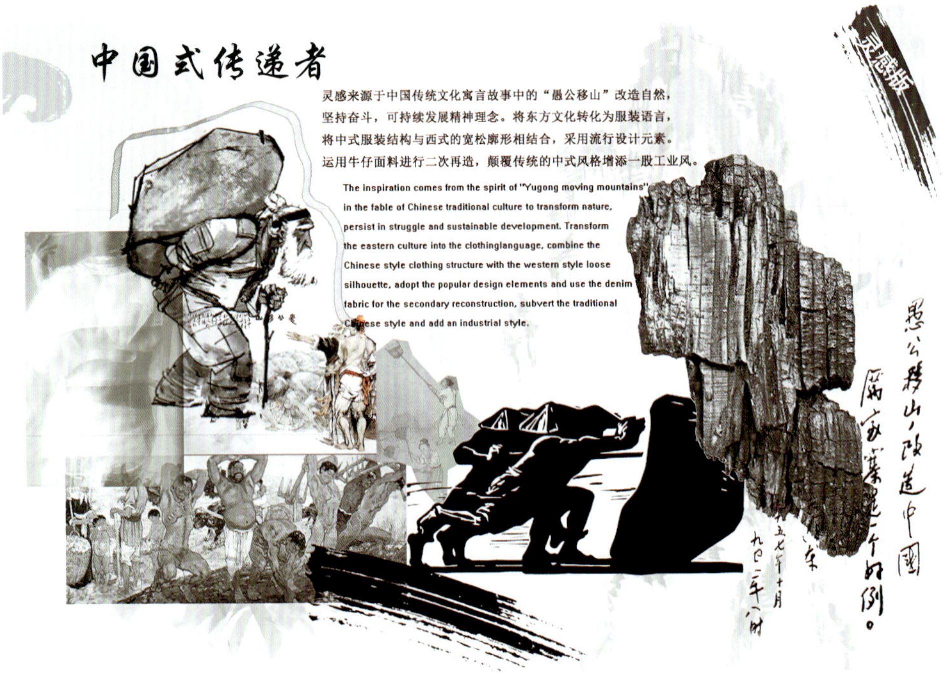

图4-4-1 主题灵感版

图4-4-2 色彩灵感版

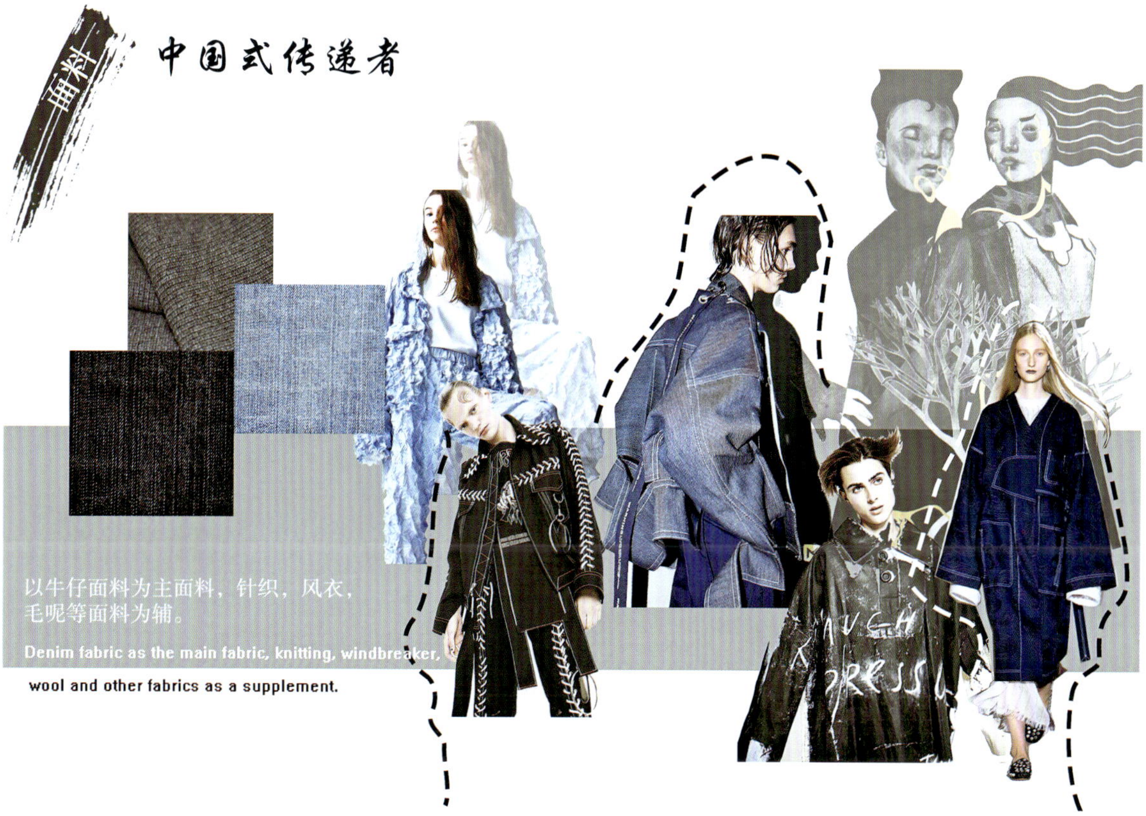

图4-4-3　面料灵感版

图4-4-4　工艺灵感版

图4-4-5　面料再造制作过程图——制作过程介绍

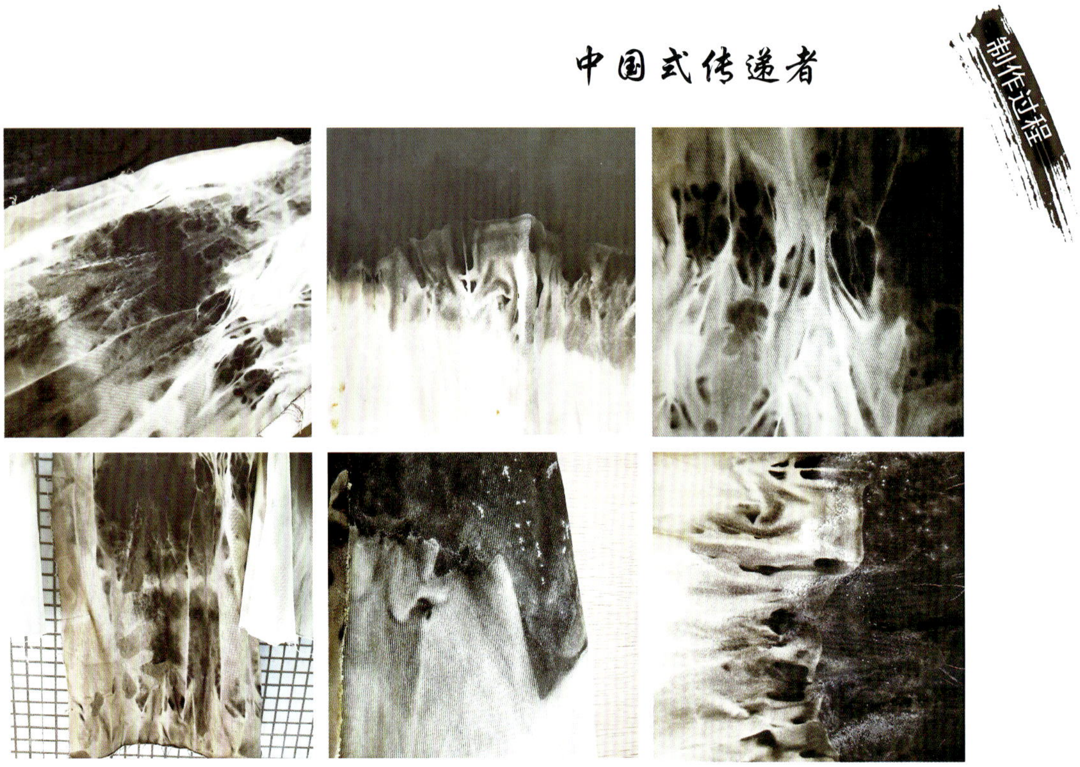

图4-4-6　面料再造制作过程图——面料漂白

制作过程

中国式传递者

图4-4-7　面料再造制作过程图——车缝线迹

图4-4-8　成衣效果展示

主题面料设计方案二——《云生》(图4-4-9~图4-4-24)

设计师：曾珈琪　指导教师：李文娟

图4-4-9　主题灵感版

图4-4-10　色彩灵感版

图4-4-11　面料及工艺灵感版

图4-4-12　创意面料制作过程图——面料裁剪

图4-4-13 创意面料制作过程图——裁片完成

图4-4-14 创意面料制作过程图——裁片熏边

图4-4-15　创意面料制作过程图——熏制完成

图4-4-16　创意面料制作过程图——面料染色

图4-4-17　创意面料制作过程图——染色后的面料

图4-4-18　创意面料制作过程图——面料烘干

图4-4-19　创意面料制作过程图——面料定型定位

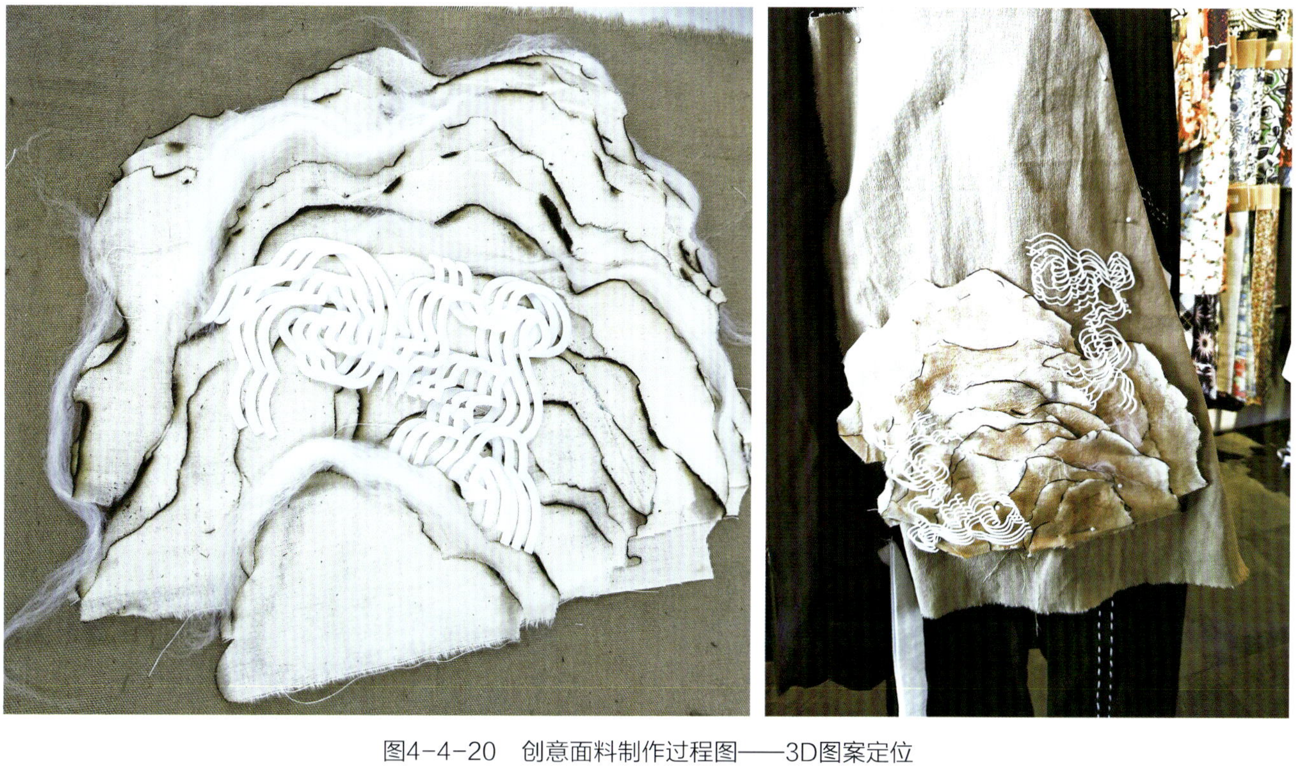

图4-4-20　创意面料制作过程图——3D图案定位

图4-4-21　创意面料制作过程图——使用尼龙线制作流苏

图4-4-22　创意面料制作过程图——麻面料毛边效果

图4-4-23　创意面料制作过程图——缝制定位

图4-4-24　成衣最终面料效果

主题面料设计方案三（图4-4-25~图4-4-31）

设计主题名称《兰》 设计师：曾健雄 吴柔霏 指导教师：刘畅

图4-4-25 主题灵感版

图4-4-26 色彩灵感版

图4-4-27　面料灵感版

图4-4-28　面料制作过程图——面料肌理绘制

图4-4-29 面料制作过程图——立体花制作

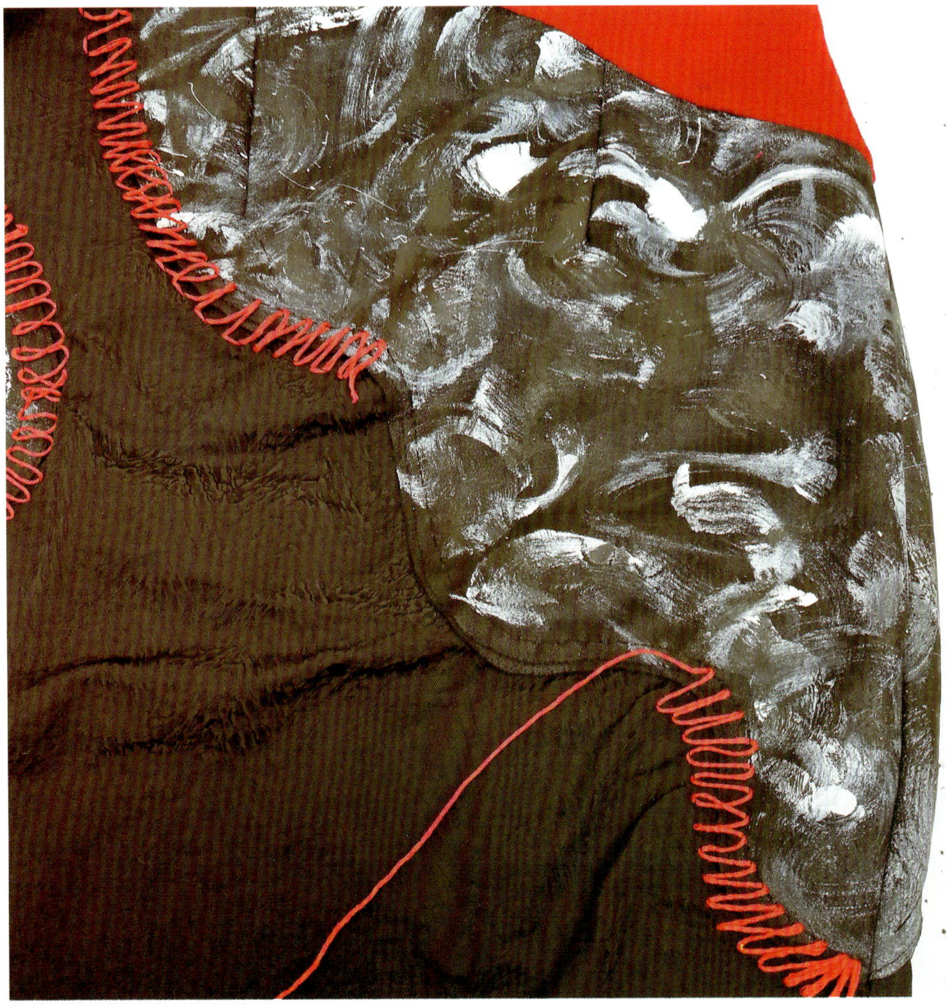

图4-4-30 面料制作过程图——手工车缝线迹

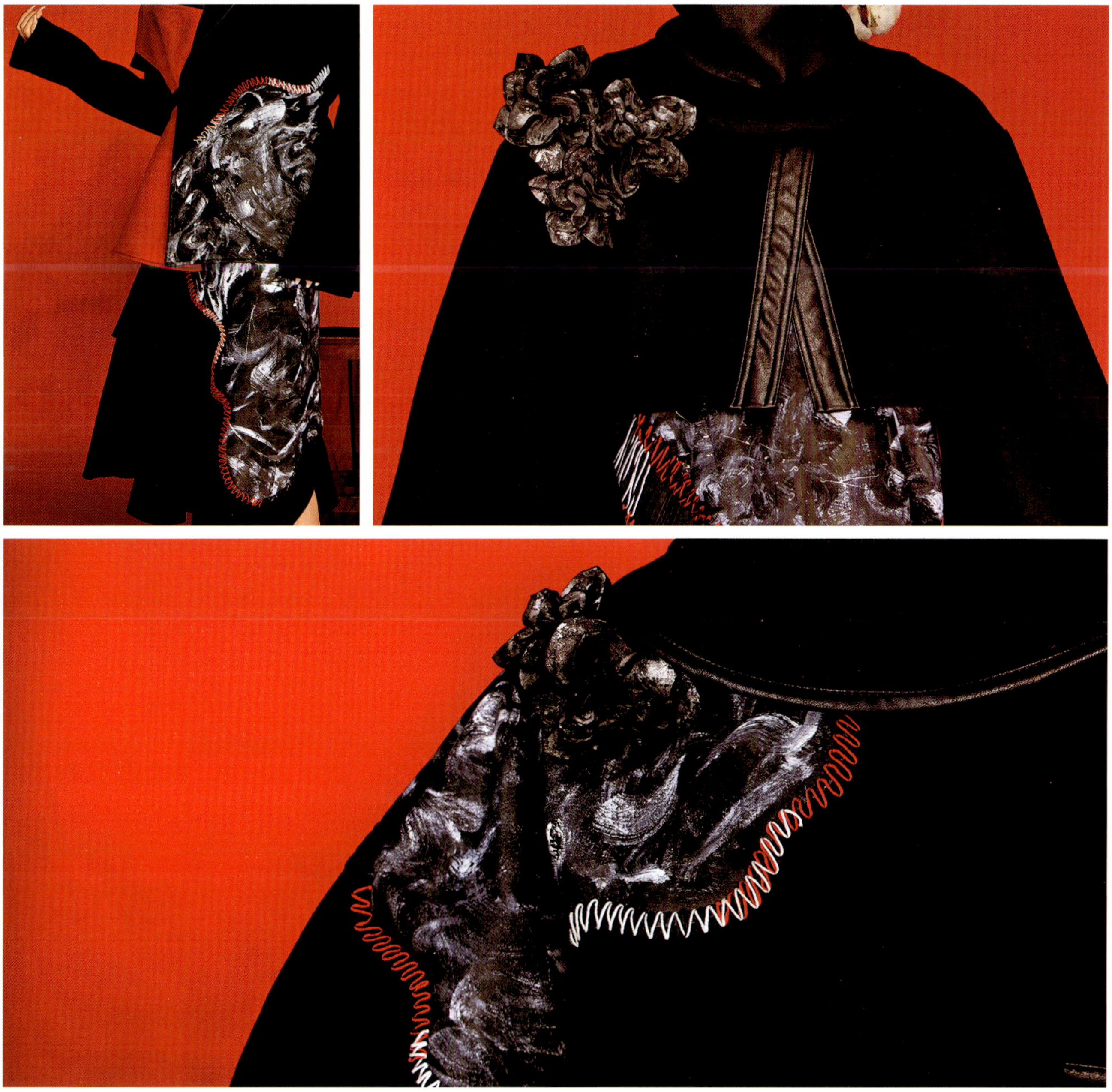

图4-4-31　成衣最终面料效果

主题面料设计方案五（图4-4-32~图4-4-39）

设计主题名称《我从万物来》 设计师：钟嘉美 钟嘉余 指导教师：李文娟

图4-4-32 主题灵感版

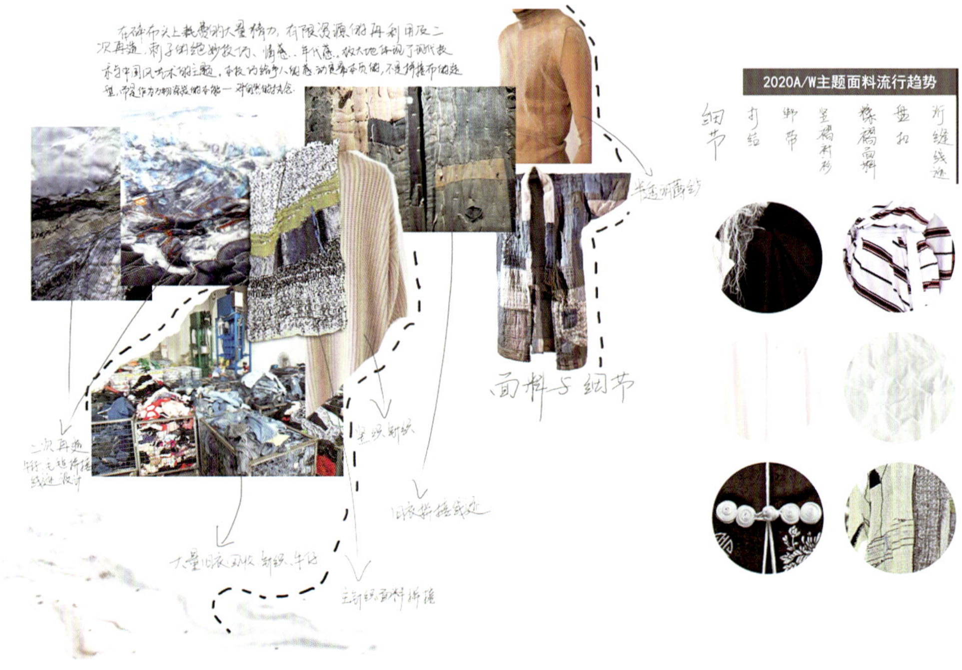

图4-4-33 面料灵感版

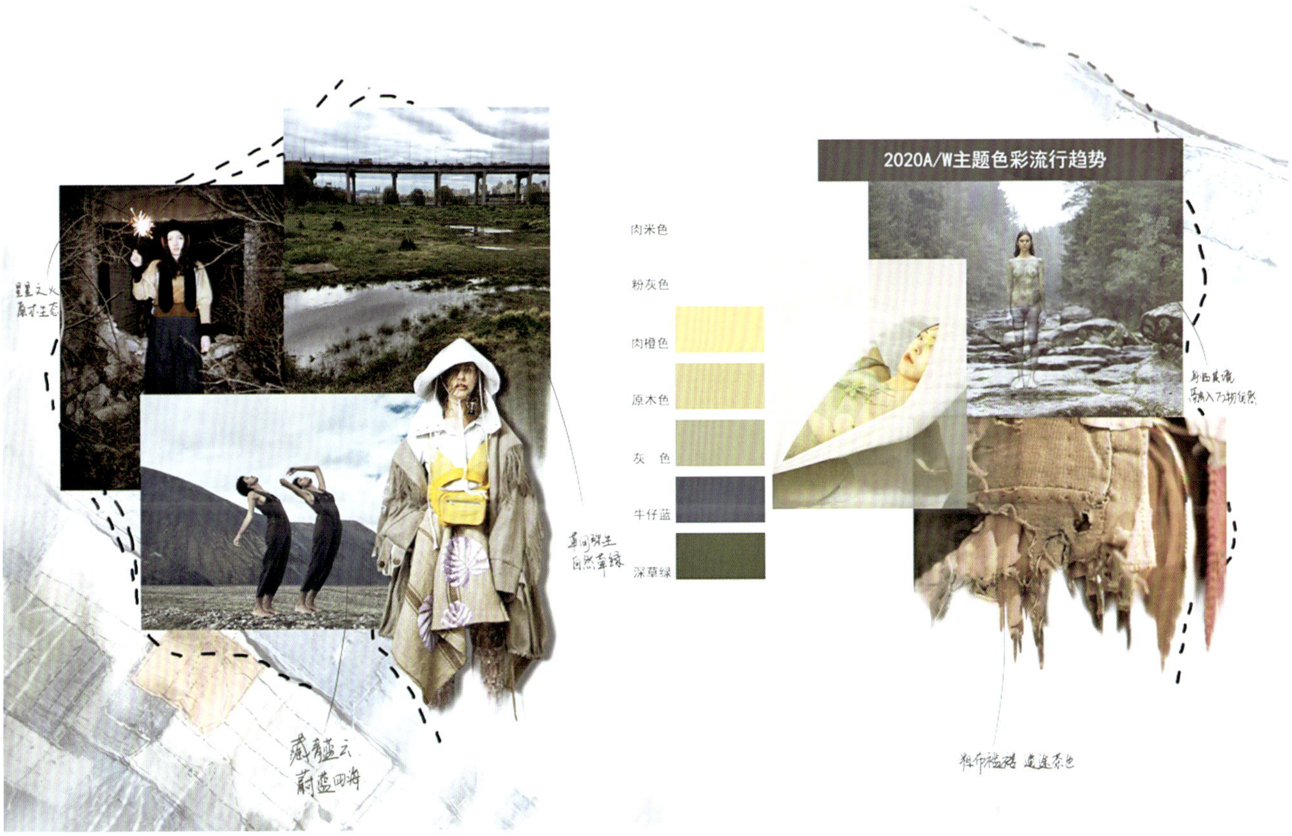

图4-4-34　色彩灵感版

图4-4-35　面料制作过程图——旧衣物回收，整理，消毒

图4-4-36　面料制作过程图——面料裁片缝制

图4-4-37　面料制作过程图——面料填充，染色

图4-4-38　面料制作过程图——面料线迹车缝

图4-4-39　成衣最终面料效果

主题面料设计方案六（图4-4-40~图4-4-44）

设计主题名称《记一忘三二》 设计师：林伟丹 唐小妹 指导教师：李文娟

图4-4-40 主题灵感版

图4-4-41 面料灵感版

图4-4-42　色彩灵感版

图4-4-43　面料再造制作过程

图4-4-44 成衣最终效果

主题面料设计方案七（图4-4-45~图4-4-53）

设计主题名称《本草纲目》 设计师：沈焕钗　指导教师：刘畅

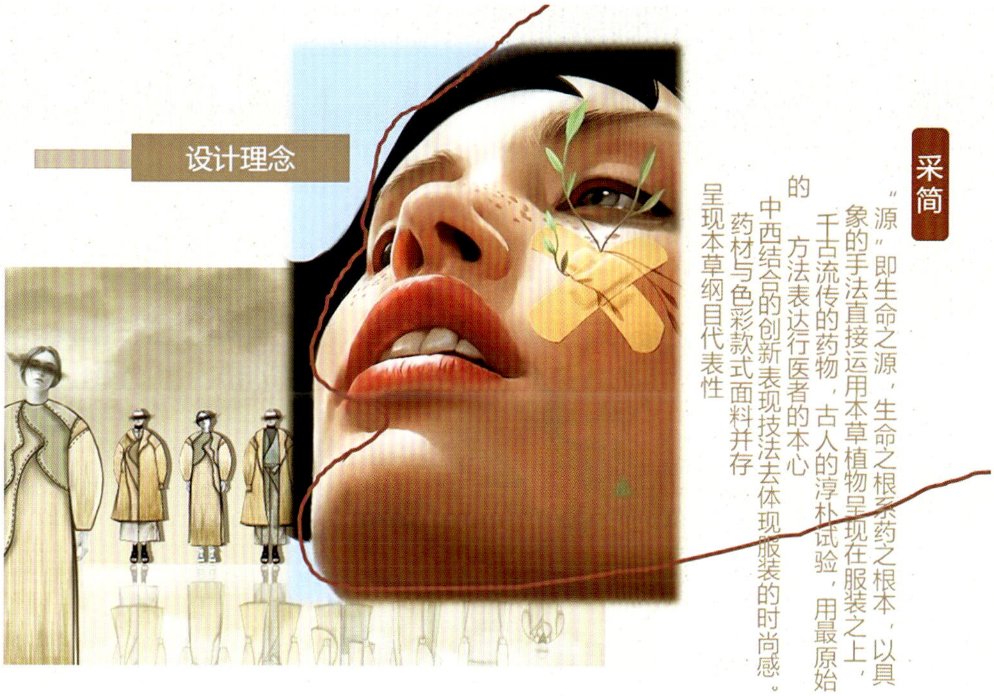

图4-4-45　主题灵感版

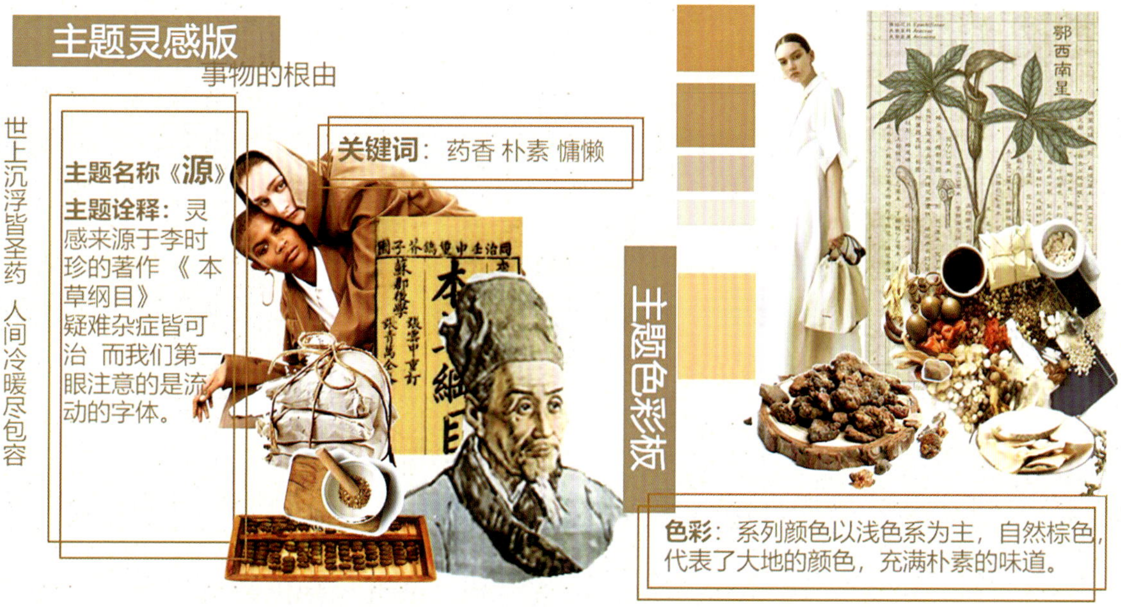

图4-4-46　色彩灵感版

图4-4-47 面料灵感版

图4-4-48 面料制作过程介绍

图4-4-49　面料制作过程图——面料染色

图4-4-50　面料制作过程图——染色晾晒面料绘，制面料图案

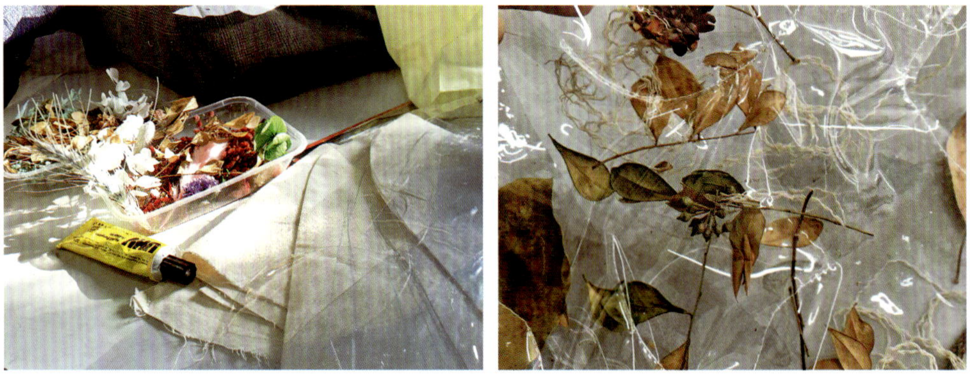

图4-4-51　面料制作过程图——填充材料

图4-4-52　面料制作过程图——缝制图案

图4-4-53　成衣最终效果

思政训练项目

选择一种具有中国特色的非遗工艺或者面料，总结其最具有代表性的特点，结合市场中已有的产品案例进行调研，思考怎么将非遗特色融入到当代服装面料设计中来，完成一份相关的市场调研报告。